人机混合智能系统自主性理论和方法

赵云波　康　宇　朱　进　著

科学出版社

北　京

内 容 简 介

人的智能和 AI 赋能的机器智能在自动化控制领域的共融共存形成了"人机混合智能系统"这一新型的系统形式和智能形式. 一方面, 这类系统所代表的系统结构形式是传统自动化控制系统应对 AI 赋能的机器智能变革的必然发展形势; 另一方面, 它所代表的智能形式也成为 AI 未来发展的重要甚至是唯一的终极形式. 在本书中, 我们试图抛砖引玉, 对这一全新而重要的研究领域提供初步但系统性的思考. 全书共分 10 章, 第 1 章首先讨论了人工智能时代人机系统的新发展, 然后分别介绍人机混合智能系统的自主性基本理论 (第 I 部分, 包括第 2~5 章) 和设计方法 (第 II 部分, 包括第 6~10 章), 涵盖了人机混合智能系统的自主性定义、边界判定、各种介入控制和共享控制方法等重要内容.

本书适合作为人工智能、自动化相关专业研究生的专业课教材, 也可供从事相关领域研究的科研人员阅读参考.

图书在版编目(CIP)数据

人机混合智能系统自主性理论和方法/赵云波, 康宇, 朱进著. —北京: 科学出版社, 2021.8
ISBN 978-7-03-068768-5

I. ①人… II. ①赵… ②康… ③朱… III. ①人工智能-研究 IV. ①TP18

中国版本图书馆 CIP 数据核字 (2021) 第 092379 号

责任编辑: 阚 瑞 / 责任校对: 胡小洁
责任印制: 吴兆东 / 封面设计: 迷底书装

科 学 出 版 社 出版
北京东黄城根北街 16 号
邮政编码: 100717
http://www.sciencep.com
北京中石油彩色印刷有限责任公司 印刷
科学出版社发行 各地新华书店经销
*
2021 年 8 月第 一 版 开本: 720×1000 1/16
2022 年 6 月第二次印刷 印张: 11 3/4
字数: 236 000
定价: 109.00 元
(如有印装质量问题, 我社负责调换)

前　　言

人工智能（artificial intelligence, AI）技术近些年的突破性发展引发了社会广泛的关注，除了技术专家，哲学、法律、道德、社会、管理、经济等各领域的专家学者都在其中各执一词，普通民众也表现出极大的热情，莫衷一是。这充分表现出 AI 技术对世界方方面面的巨大影响力，也预示着这一技术重塑我们整个世界的巨大潜力。

而谈及未来，一个与我们每个人都息息相关的话题就摆上桌面。在 AI 从业者那里，这一话题事关所谓的"强弱人工智能之辩"，其中的关键疑问是：现有的仅在某些方面强于人类的"专用人工智能"是否在未来会进化到在所有方面都强于人的"通用人工智能"？而在广大的民众那里，这一强弱人工智能之辩则关乎个人福祉甚至人类命运和尊严：高度发展的专用人工智能可以让创造性含量少的工作丢掉前景，而通用人工智能则更进一步会让整个人类失掉存在价值。这一话题早已在报刊、网络、电视等各种公共舆论空间引发广泛的讨论，而讨论的热情和持久似乎在真正的未来到来之前永不会消失。

我们在此无须对这一充满科幻感的话题抛出我们的观点：从目前的技术发展现状来说，这一话题的讨论更多的出于信念，而非依据坚实的技术细节可以做出的可信技术展望。我们只强调如下事实：AI 技术的发展使得由其赋能的机器具有更强大的智能自主能力，在越来越多的领域得到了应用，在可预见的未来这一应用趋势并没有减速的迹象。

这一事实把一个原本并不存在或至少并不重要的问题推到了我们面前：在未来的世界里，人的智能和 AI 赋能的机器智能将无处不在地共存共生，如何在二者之间进行有效融合将成为科学研究的一个重要主题。

人的智能和机器智能在未来的融合共生正是本书的关注点，但本书的主题将更为具体地局限于自动化控制相关的技术领域中。我们认为，人的智能和机器智能在自动化控制领域的共融共存导致了所谓的"人机混合智能系统"的出现，这一新型的系统形式和智能形式在两方面具有本质的重要性：一方面，从自动化控制角度来说，人机混合智能系统所代表的系统结构形式是传统自动化控制系统应对 AI 赋能的机器智能变革的必然发展形势；另一方面，从智能科学的角度来说，人机混合智能系统所代表的智能形式也成为人工智能未来发展的重要甚至是唯一的终极形式。这两方面本质上的重要性使得建立相关领域的理论和方法框架变得极为迫切和重要。

在本书中，我们试图抛砖引玉，对这一全新而重要的研究领域提供初步但系统性的思考。我们并不希望过多执着于个人的自尊，浅薄地认为本书所提出的理论和方法是面向这一全新领域的必由之路；我们最大的愿望，不过是借由此书，谦卑地展示这一研究领域的广阔前景和重大意义，希望吸引更多的年轻学者投身其中。

本书共分 10 章，在第 1 章对人工智能时代人机系统新发展的基础性介绍之后，分别从人机混合智能系统的自主性基本理论（第 I 部分）和设计方法（第 II 部分）两方面展开讨论。第 I 部分"人机混合智能系统自主性理论"包含第 2~5 章，介绍人机混合智能系统的自主性基本理论。第 II 部分"人机混合智能系统设计方法"包含第 6~10 章，介绍了人机混合智能系统的基本设计框架和若干典型方法。下面是各个章节的概要介绍。

(1) 第 1 章——人工智能时代人机系统的新发展（赵云波、康宇、朱进）：以应用为驱动的人工智能技术的迅猛发展正未有穷期，有理由相信"智能"将成为未来世界各个领域的重要标签。在这一历史进程中，我们认为，人的智能和人工智能赋能的机器智能的交互融合将成为未来具有根本性的系统结构范式。特别的，在我们所关注的自动化控制具体领域，从这一结构范式衍生出本书所称的"人机混合智能系统"新型人机系统结构范式，成为本书的研究核心。作为全书的概论性章节，本章分析和讨论人机混合智能系统的历史渊源、具体实例、重要概念、研究发展等各个方面，以此描绘这一新兴领域的概况性全景，为后续章节提供背景基础。本章第 1.1 节首先介绍面向自动化控制的人机系统的概念，第 1.2 节结合对人工智能技术未来发展的展望引出人机混合智能系统的基本定义，通过大量例子对该类系统的典型场景和人在其中的位置进行分析，最后在第 1.3 节指出自主性是人机混合智能系统研究的关键核心，相关的研究既存在巨大的挑战，又有重要的理论和应用价值。

(2) 第 2 章——人机混合智能系统基于空间和边界概念的自主性描述框架（赵云波、康宇、朱进）：作为一类新型的人机系统和新型的智能形式，人机混合智能系统的研究需要首先构建其独特的研究范式。为此目的，本章对人机混合

智能系统的自主性空间、自主性边界等进行概念性定义和形式化描述，旨在
为相关领域的研究提供统一的语词和符号体系，进而构建其基本研究框架。
本章第 2.1 节从外部结果角度给出了人机混合智能系统的自主性空间和自主
性边界的概念性定义，给出了相应的形式化描述，提供了对相关概念进一步
定量化的研究基础；第 2.2 节进一步扩展了自主性空间和自主性边界的概念，
介绍了绝对和相对自主性空间及其边界的概念性定义和形式化描述；最后，
作为人机混合智能系统控制设计的基础，第 2.3 节讨论了人与机器的自主决
策的联合形式表示，最终完成了对人机混合智能系统自主性的概念性架构。

(3) 第 3 章——人机混合智能系统基于自主性联合空间和联合边界的设计框架
（赵云波、康宇、朱进）：作为一类新型的人机系统，人机混合智能系统的设
计和分析仍缺少基本的方法框架。基于第 2 章对该类系统的自主性空间和
自主性边界的概念性定义和形式化描述，和传统人机系统中的介入控制和共
享控制基本方法，本章从一般意义上探讨人机混合智能系统的设计和分析方
法，首次给出了面向该类系统的介入控制和共享控制的不同分类和各类别的
形式化描述方法，为后续具体场景下人机混合智能系统的设计和分析提供了
框架性的方法工具和总体指导。本章第 3.1 节首先介绍人机混合智能系统的
基本控制策略和分析框架，然后在第 3.2 节和第 3.3 节分别详述各种类型的
介入控制和共享控制的使用场景和形式化描述。

(4) 第 4 章——自主性边界：深度学习不确定性的定量刻画（张景龙、朱进、赵云
波）：第 2 章指出，人机混合智能系统的概念框架以人和机器的自主性空间和
自主性边界为基础，而自主性边界的定量刻画是其中的关键。在定义 2.1 对智
能的分类中，我们知道机器智能及其自主性以深度学习驱动的人工智能技术
为其核心。在此统一框架下，本章试图探讨深度学习算法不确定性的定量刻
画问题，以期为人机混合智能系统中机器的自主性边界提供定量界定方法。
本章第 4.1 节首先探讨深度学习不确定性定量刻画的必要性，指出贝叶斯方
法是达到这一目标的主要方法，然后在第 4.2 节具体介绍了基于贝叶斯模型
刻画深度学习不确定性的几种代表性方法，包括 probabilistic backpropagation
方法、Bayes by backprop 方法和 MC dropout 方法，最后，第 4.3 节进一步举
例介绍了上述不确定性刻画在强化学习领域如促进深入探索和动态避障等
方面的具体应用。

(5) 第5章——自主性边界：不同场景下的典型判定及应用（张倩倩、康宇、赵云波）：在本书所建立的人机混合智能系统的自主性理论框架中，能够对自主性边界进行有效判定是该理论框架从概念性描述走向定量实用的关键步骤。为此，在第4章中我们已经讨论了作为机器智能底层驱动的深度学习技术的不确定性的刻画，在本章中，我们进一步把对自主性边界判定的讨论扩展到不同人机混合智能系统的典型场景下，以期为读者提供自主性边界判定的一般性方法框架。本章包含了自主性边界判定的三种典型场景，前两种在介入控制框架下：第5.1.1小节介绍利用自主性边界判定优化机器对人的最小干预的"机器介入人"典型场景，第5.1.2小节介绍利用自主性边界判定优化强化学习算法的"人介入机器"典型场景；后一种则在共享控制框架下：第5.2节介绍利用自主性边界优化基于仲裁机制的"人机共享控制"典型场景。

(6) 第6章——人在环上：人的认知提升机器智能（卢子轶、赵丽丽、赵云波）：传统的机器学习算法往往需要数量巨大的样本来进行训练才能获得较为理想的性能，而在实际应用中样本规模经常会受到客观条件的限制，也就相应地限制了机器学习算法在很多场景下的应用。受到人的认知能力并不依赖大量训练样本的启发，本章讨论如何将人的认知心理模型或生理认知特性引入传统机器学习算法，以期在相同数量的训练样本下能够提升机器学习算法的性能。本章第6.1节介绍了引入人的认知特性提升机器学习算法的性能的主要思想和方法，进而在第6.2节和第6.3节中针对两类引入人的认知特性的主要方法（引入认知心理模型和引入人的生理认知特性）分别进行实例说明。

(7) 第7章——人在环上：人的介入增强AI系统可靠性（王岭人、花婷婷、赵云波）：以深度学习为基础的人工智能技术具有可解释性差、鲁棒性弱等缺点，使得相关技术在要求严苛的自动化控制领域难以发挥有效作用。受人机混合智能系统的介入控制方法启发，本章研究一种通过人的介入提升AI系统可靠性的方法框架，以期拓展人工智能技术在低容错、高精度等要求严苛领域的可能应用。本章第7.1节首先指出低容错、高精度领域增强AI系统可靠性的必要性和重要性，第7.2节进而讨论利用人的介入增强AI系统可靠性的基本思路和方法框架，并在第7.3节将该方法应用于珍珠分拣领域验证其有效性。

(8) 第 8 章——人在环内：基于 POMDP 的共享自主（吴芳、赵云波）：在人机混合智能系统中，环境、人、机器及其相互之间的交互广泛存在不确定性，人与机器的状态和行为也往往难以全面准确观测，这使得部分可观马尔可夫决策过程（POMDP）模型成为人机共享自主场景中解决很多问题的常用工具。本章对基于 POMDP 实现人机混合智能系统的共享自主进行概要性的介绍。本章第 8.1 节首先介绍 POMDP 的模型组成和模型求解的基本概念，第 8.2 节通过典型实例展示 POMDP 如何用于人机共享自主领域，第 8.3 节则进一步讨论基于 POMDP 的共享自主方法在人机系统中的缺乏信任和过度信任基本问题中的应用。

(9) 第 9 章——人在环内：基于强化学习的共享控制（游诗艺、康宇、赵云波）：第 8 章中基于 POMDP 的共享控制方法需要状态转移概率和可能的目标集等先验知识，这限制了方法的适应性和通用性：状态转移概率在很多任务中无法获得或因人而异，而对系统目标的固定表示（如离散的可抓取对象）降低了系统执行任务的灵活性，再者，较大的算力需求也影响了方法在复杂场景中的实时控制。应对这些困难，无须其他数据、在与环境交互的过程中便可学习策略的强化学习方法具有独特的优势。本章对基于强化学习的共享控制方法做概略的描述，试图提供实现人机混合智能系统的共享控制的另一条途径。本章第 9.1 节简要介绍强化学习和深度强化学习的相关基础知识，第 9.2 节介绍三种基于强化学习的共享控制方法，第 9.3 节实验验证该类方法的有效性。最后在第 9.4 节中对本章进行小结。

(10) 第 10 章——人在环内：人机序贯决策的共享控制（张倩倩、康宇、赵云波）：以时序性和多阶段性为标志的序贯决策问题是一类广泛存在于社会、经济、军事、工业生产等各个领域的重要决策问题。该类决策问题由于决策空间随着决策步长指数增长，求取最优决策序列往往存在巨大困难。我们注意到，在很多序贯决策问题中，或者人本身便处于决策的环路中，或者人因其独特的认知能力而有助于最优决策的求取，因而本章试图从人机共享控制的角度重新思考序贯决策问题。本章第 10.1 节首先概述序贯决策的基础概念和发展状况，第 10.2 节介绍人机序贯决策问题的典型场景，然后分别在第 10.3 节、第 10.4 节、第 10.5 节通过实例介绍基于部分可观马尔可夫决策过程、基于模型预测控制和基于强化学习的三种不同人机序贯决策方法。

除 3 位主要作者外，共有 8 位（主要作者的）博士和硕士研究生参与了本书的撰写工作，分别是（按章节先后顺序）：张景龙、张倩倩、卢子轶、赵丽丽、王岭人、花婷婷、吴芳、游诗艺。在此对他们的辛勤工作一并致谢。

本书的撰写受到军科委国防科技创新特区项目（合同号：18-163-11-ZT-004-009-01）和科技部科技创新 2030-"新一代人工智能"重大专项（项目编号：2018AAA0100800）资助，特此致谢。

作者真诚希望本书将为人机混合智能系统相关领域的研究提供有益的助力，为我国人工智能相关产业的发展做出自己的贡献。

赵云波、康宇、朱进

2021 年 4 月 1 日

目　　录

第1章 人工智能时代人机系统的新发展

本章摘要

以应用为驱动的人工智能技术的迅猛发展正未有穷期,有理由相信"智能"将成为未来世界各个领域的重要标签。在这一历史进程中,我们认为,人的智能和人工智能赋能的机器智能的交互融合将成为未来具有根本性的系统结构范式。特别地,在我们所关注的自动化控制具体领域,从这一结构范式衍生出本书所称的"人机混合智能系统"新型人机系统结构范式,成为本书的研究核心。作为全书的概论性章节,本章分析和讨论人机混合智能系统的历史渊源、具体实例、重要概念、研究发展等各个方面,以此描绘这一新兴领域的概况性全景,为后续章节提供背景基础。

本章第1.1节首先介绍面向自动化控制的人机系统的概念,第1.2节结合对人工智能技术未来发展的展望引出人机混合智能系统的基本定义,通过大量例子对该类系统的典型场景和人在其中的位置进行分析,最后在第1.3节指出自主性是人机混合智能系统研究的关键核心,相关的研究既存在巨大的挑战,又有重要的理论和应用价值。　　　　　　　　　　　♡

1.1　面向自动化控制的人机系统

本节首先介绍系统、机器和人机系统的基本概念,然后以若干典型例子增加读者对自动化控制应用领域的人机系统的感性认识,进而总结其特点,最后通过与相关研究领域的对比廓清这一研究领域的内涵和外延。

1.1.1　系统、机器和人[1]

系统一词有着极为广阔的外延,在一般的意义上,"系统是自然界和人类社会中一切事物存在的基本方式,各式各样的系统组成了我们所在的世界。一个系统是由相互关联和相互作用的多个元素(或子系统)所组成的具有特定功能的有机整体,这个系统又可作为子系统成为更大系统的组成部分"[2]。从这一宽泛定义出发,细胞的构成和功能、人体内的血液流动、一国金融市场的运行、一个公司的组织架构、工厂生产线运作、机器人的构造和功能,如此等等,都可以从系统的角度去研究阐发。

　　本书所关心的系统主要是科学和工程领域的人造系统，特别是自动化控制系统。如前所述，系统由"多个元素（或子系统）所组成"，自动化控制系统的元素（或称之为"组件"）一般是各种各样的人造"机器"。所谓"机器"，广义上是通过变换或传递能量、质量和信息，执行机械运动等达到特定目的的工具、装置或设备的总称。控制系统的组件一般包含了传感器、控制器和执行器等。机器包括了种类繁多的温湿度、速度、体积、高度等各种物理量的测量器件，可以测量受控对象的状态/输出信息，从而充当控制系统的传感器；机器也包括了各种从嵌入式到大型的计算设备，可以进行控制算法的运行，从而充当控制系统的控制器；当然机器还包括机械手、汽车油门、各种开关等执行部件，可以实施制定好的控制策略，从而充当控制系统的执行器。

　　大多数自动化控制系统并不将人视为系统的组件，正如 Bainbridge[3] 所指出的："*The classic aim of automation is to replace human manual control, planning and problem solving by automatic devices and computers.*"这一点易于理解，因为人类科技发展的一个重大目的，就是将人从繁重的劳动中解放出来。在这一哲学指导下，凡是能由机器自动化完成的便应该从人类的工作清单中删除，例如，从工厂的大规模自动化流水线取代人类手工操作，到汽车、飞机的发明使得人类可以更快速、更舒适的旅行，到扫地机器人、洗碗机的出现把人从家务劳动中解放出来，无不是为了这一目的。

　　然而，尽管不情愿，我们仍需要谦虚承认的是，距离自动化在大多数领域取代人类劳作的目标，我们征途尚远。不仅如此，在很多自动化控制系统已经有长足发展的领域，仍然需要人在监督、目标设定、应急响应等方面的持续投入及与自动化机器的密切交互。Bibby 等[4] 指出："*... even highly automated systems, such as electric power networks, need human beings for supervision, adjustment, maintenance, expansion and improvement. Therefore one can draw the paradoxical conclusion that automated systems still are man-machine systems, for which both technical and human factors are important.*"从这一观点出发，有必要认真考察人在自动化控制系统中的地位和作用。

　　在科学和工程领域，人与机器相互依存、影响、协同而构成的整体便称之为宽泛意义上的"人机系统"。这是一个具有悠久历史、现在也高度活跃的研究领域。需要指出的是，人机系统的一般概念所包含的范围比自动化控制系统要大得多，只不过在本书中我们的关注点主要是后者。也就是说，本书中所说的人机系统，大致可以理解为一般人机系统和一般自动化控制系统的交集，在不引发歧义的情况下，后文不再对这一范畴界定重复指出。

1.1.2 人机系统典型例子

我们首先通过如下典型例子增加对人机系统的感性认识。

例1.1 霍金的高科技轮椅

在物理学家霍金本人的传奇人生外，他所使用的高科技轮椅也为人津津乐道（图 1.1(a)）。根据霍金个人网站上的介绍[①]，他的轮椅 1997 年起由英特尔提供。轮椅前部有一台装载了主控软件 ACAT 的平板电脑。霍金所佩戴的眼镜可使用红外线感应他的面颊移动，这产生了一个开关切换信号，该信号进一步用来控制字符输入并进行其他操控。这是霍金与轮椅的唯一交互手段。ACAT 装载了由 SwiftKey 提供的文字输入预测算法，该算法通过霍金本人的各类出版物进行了适应性训练，能够准确地预测霍金的输入。容易看出，在霍金轮椅的设计和使用过程中，我们很难将霍金本人的作用从中分离出来：SwiftKey 的预测算法要以霍金先前的出版作品为训练数据，也要不断根据新的数据做调整；面颊移动的识别要针对霍金的具体情况做优化，使用过程中也需要根据具体情况做调整。在霍金的高科技轮椅这个例子上，人是一个不得不密切关注和考虑的显式因素。 ◇

(a) 霍金的高科技轮椅　　　　　　　　　　　(b) 智能弹射座舱

图 1.1　人机系统的例子：霍金的高科技轮椅和智能弹射座舱

例1.2 智能座舱何时弹射？

新式战机往往都安装了一套操控座舱弹射的智能系统，该系统可以自动分析战机飞行状态和飞行员个人信息，保障飞行员在必要时以最大的安全性通过弹射安全逃离座舱，见图 1.1(b)。现有智能座舱弹射的触发条件

[①] 见：http://www.hawking.org.uk/the-computer.html。访问日期：2020 年 7 月 29 日。

是基于人的判断的，也即需要飞行员拉动弹射手柄弹射过程才会启动。然而，激烈空战很有可能会造成飞行员失去触发弹射的行动能力或直接丧失意识，此时如果有一套不经由飞行员而可以自行触发弹射的机制将极大地提高飞行员的生还率。这一自行触发弹射机制的成功依赖于机器准确识别人的状态，并在机器控制和人类控制之间做高效协同：在人意识清醒具有行动能力时错误弹射，将造成战机损失；在人丧失触发弹射能力时不能自行触发弹射，则起不到应有的保护作用。该系统的设计要求必须将人和机器有机融合在一起，将人的因素做显式的考虑。　　　　　　　　　　　　◇

例 1.3　人在回路自行车控制

利用可穿戴设备可设计较为复杂的控制系统。在文献 [5] 中，自行车骑手配备了一个测量心率的可穿戴设备，该设备实时进行心率测量，然后与设定心率相比，以此信号调整骑手的骑行功率。系统架构见图 1.2。

数学上，该系统可通过对自行车的车轮角速度 ω_p 的动态变化、人的骑行效率和人的心率动态三者的描述而得到定量刻画。三者的动态系统（状态空间或传递函数）可分别描述如下：

$$J\dot{\omega}_p = T_p - D\omega_p + \frac{\tau^2 r_w^2}{\eta}(M_v\dot{\omega}_p + \frac{1}{2}\tau r_w \rho C_x A \omega_p^2 + D_v \omega_p)$$
$$+ \frac{\tau r_w}{\eta}(M_v g \sin(\chi_{\text{road}}) + M_v g C_r \cos(\chi_{\text{road}}))$$

$$G_{\tau p}(s) = \frac{G_\tau + R_H\omega(G_T\omega G_\tau - G_{\tau\omega}G_T)}{1 + R_H\omega G_{\tau\omega}}$$

$$\dot{x}(t) = Ax(t) + Bf(u(t))$$
$$z(t) = Cx(t) + Df(u(t))$$
$$HR(t) = HR_0 + \gamma z(t)$$

式中其他参数见文献 [5]。

在本例中，人的心率、骑行功率等都深入构成为控制系统的一个组成部分，成为一个典型的人在回路的控制系统例子。与单纯机器构成的系统比较，人的心率和骑行功率变化等都具有很大的随意性，因而也就对控制系统的设计提出了不同于传统控制系统的挑战。　　　　　　　　◇

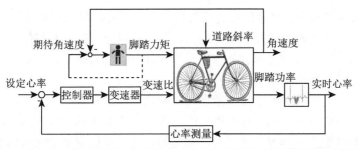

图 1.2　利用实时心率量测控制自行车骑行的系统结构图（依照原著[5]重新绘制）

例 1.4　武器的人类控制

人工智能近些年的迅猛发展在军事领域带来的最大变革之一是极大地提升了武器系统的"自主性"，即武器系统在缺少人为干预的情况下自主选择(搜索、探测、识别、追踪或选择)和攻击(使用武力打击、压制、破坏或摧毁)目标的能力——这成了各国政府争相竞争的一个关键领域[6]。在此领域，美国可见、清楚且成功的军事研发程度居世界之首，自主性已被美国认定为军事现代化计划的基石，是美国"第三次抵消战略"的核心组成部分。与此同时，俄罗斯也在积极研发多种"自主武器系统"(autonomous weapon system, AWS)，大力推进武器的自主化，俄军方研发的 Kalashnikov 的"神经网(neural net)"系统可自主搜寻和消灭目标，已经达到了相当的自主性。其他如以色列的"Harpy"反雷达无人机、韩国的"哨兵机枪"(super aEgis II sentry gun)等，都是一些具有变革性的新型自主武器系统。当前公开资料中所见的更多的是对自主性技术在战争形式、法律、伦理、人类未来等方面影响的讨论，而缺少具体的技术方面的披露[7-9]。但有理由相信，这一技术将成为世界各国新一轮军事竞争中最为关键的一环，极可能成为较落后国家弯道超车的必由之路。

显然，任何武器系统的最终控制一定在人的手上，比如，智能导弹飞出后也还需要保留人改变攻击目标的能力[10]。但基于人工智能技术的武器系统自主性的快速提高使得武器的人类控制变得越来越困难，致命自主武器系统的失控风险已经成为一个广受关注的议题，国际红十字会曾为此专门召开若干会议进行研讨[11,12]。为了确保武器的人类控制，必须考虑武器自主性达到的程度及其不确定性，和人参与到武器系统控制中的风险和不确定性，这里人的因素也是明确的、显式的。 ◇

1.1.3　研究人机系统的必要性

从第 1.1.2 小节中的例子我们可以看出以下几点。

（1）人具有充当控制系统任意组件的能力：人的各种感觉器官如眼、鼻、舌、皮肤等具有感知各种相关物理量的能力，从而可以充当控制系统的传感器；人的大脑具有独特的智能，可以胜任控制系统的控制器；人的手、脚等也具有活动能力，从而可以充当控制系统的执行器。

（2）在上述例子中若不显式考虑人的因素，或没有人的深度介入，则系统就不能达到所设的目标，或者根本不可能（没有人的因素的显式考虑，武器的人类控制就是不可能的），或者效果不好（霍金的轮椅设计如果不全面考虑霍金本人需求，则使用效果必然会打折扣）。

（3）人在上述的人机系统例子中有其特殊作用和地位。一方面，人是控制系统目标的终极来源，任何系统的设计总是为人服务的，人是控制系统存在的原因，为控制系统设定目标，赋予价值，这一作用是机器所不具备的。另一方面，人的一些特殊能力仍然是现有机器无法达到的，需要利用人的能力达到更好的系统性能。

总结起来，人参与到自动化控制系统中既是可能的（可以充当控制系统任意组件），又是必要的（需要显式的考虑），同时又有其不可替代性（目标来源和特有能力等），这使得对人机系统的研究也就必然和必要了。

1.1.4 人机系统相关研究领域

我们列出与上面所定义的主要面向自动化控制应用的人机系统有着密切关系的相关研究领域，并作简要的分析。本小节的介绍和比较也进一步廓清了我们所关心的面向自动化控制应用的人机系统的具体内涵和外延。

1.1.4.1 人体工学（或人机工程、人类工效、人因工程、人体工学）

维基百科对人体工学有如下定义[①]：

> 人体工学（又称工程学、人机工程学、人类工效学、人因工程学、人因学）是一门重要的工程技术学科，为管理科学中工业工程专业的一个分支，是研究人和机器、环境的相互作用及其合理结合，使设计的机器和环境系统适合人的生理及心理等特点，达到在生产中提高效率、安全、健康和舒适目的的一门科学。其中侧重于研究人对环境的精神认知称为 *cognitive ergonomics* 或 *human factors*，而侧重于研究环境施加给人的物理影响称为 *physical ergonomics* 或 *occupational biomechanics*。作为一门综合性边缘学科，它的研究和应用范围非常广泛，因此人们试图从各种角度命名和定义它。

---

① 见：https://zh.wikipedia.org/wiki/人因工程学。访问日期：2020 年 7 月 29 日。

从上面定义可以看出，人机工程以满足人的需求或人的效能更好发挥为目标，侧重机器和环境设计。典型的例子如带有"人体工学"字样的各种产品，如人体工学椅、人体工学键盘等。与我们所关心的人机系统相比：一方面人体工学面对的对象一般是某种产品，并非动态演化的自动化控制系统（例 1.3 中自行车的动态运行）；另一方面，人体工学仅以满足人类更好的使用机器为目标，人机系统则要考虑人与机器的整体达到某一共同目标（例 1.3 中人与自行车的协同努力）。由于这些重要区别，二者在研究目标、方法等方面有着本质的不同。

1.1.4.2 人与计算机的交互 (human-computer interaction, HCI)

仍从维基百科的定义出发[①]：

> 人机互动（英语：human-computer interaction，缩写：HCI，或 human-machine interaction，缩写：HMI），是一门研究系统与用户之间的交互关系的学问。系统可以是各种各样的机器，也可以是计算机化的系统和软件。人机交互界面通常是指用户可见的部分。用户通过人机交互界面与系统交流，并进行操作。小如收音机的播放按键，大至飞机上的仪表板，或是发电厂的控制室。

从上面定义可以看出，人与计算机的交互主要关心的是如何设计计算机与人的交互界面以增加人操作计算机时的可用性和用户友好性。就这一目标而言，这一领域与人体工学更为相近，只不过后者的交互不是主要在人与计算机之间。同时，与人体工学相同，这一领域所关注的对象也一般并非动态演化的自动化控制系统。

1.1.4.3 人与机器人的交互 (human-robot interaction, HRI)

仍从维基百科的定义出发（无中文版本）[②]：

> *Human-robot interaction is the study of interactions between humans and robots. It is often referred as HRI by researchers. Human-robot interaction is a multidisciplinary field with contributions from human-computer interaction, artificial intelligence, robotics, natural language understanding, design, humanities and social sciences.*

从上面定义可以看出，人与机器人的交互是一个多学科交叉的研究领域，它既利用人与计算机的交互的研究成果来设计人与机器人的交互界面，又会考虑机

---

① 见：https://zh.wikipedia.org/wiki/人机交互。访问日期：2020 年 7 月 29 日。

② 见：https://en.wikipedia.org/wiki/Human-robot_interaction。访问日期：2020 年 7 月 29 日。

器人的动态发展设计与人的交互操作（例 1.1 中霍金的轮椅）。不过，人与机器人的交互的研究对象是机器人这一实体，但面向自动化控制的人机系统的对象则是广义的自动化控制应用（例 1.3 中自行车的动态运行），二者仍有较大不同。

1.2　人工智能时代的人机混合智能系统

本节首先展望人工智能技术的未来发展，进而引出本书关注的人机混合智能系统的概念，最后对人机混合智能系统的典型场景和人在其中的地位做进一步的分析，从而给出人机混合智能系统的基本概念框架。

1.2.1　人工智能技术的未来展望

人工智能技术作为一种基础性的赋能技术，在未来将应用于越来越广泛的领域，其发展前景不可限量，而它可能会达到的智能程度（未来是强人工智能还是弱人工智能（定义 1.1））也引发了广泛的、激烈的讨论。但是，从纯粹技术研究的角度出发，我们认为只需考虑弱人工智能的可能未来，这也是本书所考虑的人机混合智能系统的逻辑基础。

1.2.1.1　人工智能技术的迅猛发展

得益于机器学习算法的突破，互联网/物联网支持下大数据的可得，和以 GPU 计算为代表的计算能力的提升，以深度学习为基础的人工智能技术在近些年蓬勃发展开来，引发了人工智能发展的一个新的高潮。与前几次主要以技术先导为特色的发展高潮不同，当前人工智能技术的发展具有典型的应用先导的特色，已经在图像识别、自然语音识别等方面取得了巨大实效，为本轮的发展高潮注入了极大的活力。

有关对人工智能相关发展描述评价的书籍和论文已经是汗牛充栋，感兴趣的读者可参考相关文献，如文献 [13] ～ [18] 等。我们在此仅以例 1.5 和例 1.6 两个例子为代表印证人工智能技术在未来极具潜力的发展前景①。

> **例 1.5　人工智能技术用于自动驾驶具有惊人的收益**
>
> 以人工智能技术为基础发展的自动驾驶技术是一个具有数万亿市场价值的新兴技术领域（图 1.3(a)）。Emilio Frazzoli 以美国市场为例，给出了一系列数据来证明自动驾驶车辆将在安全、减少拥堵、改善健康、提高生产

---

① 这两个例子并非是从人工智能广阔的应用领域中随机选择的，事实上，从后文中（如第 1.2.2 小节、第 7 章）我们会发现，人工智能技术在一些特定领域的发展有其本质的局限性，人的介入是解决这些局限性的行之有效的方法，而这正是本书的核心主题。

力、共享汽车五个方面带来的巨大好处，其每年能产生的效益大致估算如下[19]：

- 安全方面会有约 8710 亿美元效益；
- 减少拥堵带来约 1000 亿美元的效益；
- 改善健康带来约 500 亿美元效益；
- 提高生产力产生约 12000 亿美元效益；
- 汽车共享则能达到惊人的 18000 亿美元效益。

有了这些惊人的收益，无怪乎谷歌、百度等大公司都注入了大量的资源用于相关技术的研发。 ◇

例 1.6　人工智能技术用于医疗领域具有广阔的前景

领导 Andreessen Horowitz 生物投资部门的斯坦福大学维贾伊·潘德 (Vijay Pande) 教授指出 ①，"医生所做的工作很多都是图像识别，不管是放射科、皮肤科、眼科还是很多其他的医科"，放射科医师一生或许可以阅览成千上万张图像，而计算机则能够在很短的时间里以很高的准确性阅览数百万张。潘德称，"不难想象，图像识别问题上计算机能够做得更好，因为比起人类它们能够处理的数据要多得多"。在这一领域由人工智能驱动的图像识别技术取代人力，不仅可以带来准确率和分析速度的提升，还能够更早和更无创地诊断出癌症，加速救生药物的研发，最大限度地减少患者误诊、漏诊风险，提高治愈率（图 1.3(b)）。

2017 年底举行的英特尔人工智能大会上有专家针对人工智能在医疗领域的应用作出如下评论 ②：肺癌是全球第一大恶性肿瘤，肺癌检测主要是通过医生"看片子"，但一个病人的一个肺大概会产生 300 张片子，300 张片子大小约为 180m，经过数据预处理或者增强等技巧以后，数据量成倍增加，病灶结节非常小，医生只能在二维下"看片子"，读起来耗时耗力。结节病灶多样性强，微小结节不到一毫米，很难发现。而 AI 模型影像则是三维的，信息更加完善。目前一般临床医生对结节的漏检率达到 10%，但是 AI 诊断便可以解决这个问题，帮助医生把漏掉的"捡"回来，同时目前的 AI 模型对影像的检测准确率已能超过临床经验 10 年以上的医生。 ◇

---

① 见：https://fortune.com/longform/ai-artificial-intelligence-deep-machine-learning/。访问日期：2020 年 7 月 31 日。

② 见：http://www.techwalker.com/special/intelAIday2017。访问日期：2020 年 7 月 31 日。

(a) 人工智能技术应用于自动驾驶

(b) 人工智能技术应用于医疗诊断

图 1.3　人工智能技术的典型应用举例

1.2.1.2　强/弱人工智能之辩

自 1950 年图灵关于机器智能经典论文[20] 的发表和 1956 年标志着人工智能作为一门学科出现的 "达特茅斯会议" [21] 的召开，人工智能在半个多世纪的发展中几经起落，既有风光无限的年代，也有落入低谷的忧伤，历史的教训让我们不得不谨慎发问：最近一次人工智能广受关注的强势回归确实激动人心，但它的未来发展究竟如何呢？

对这一问题的思考事实上蕴涵着对人工智能与人的智能在本质上的比较，事关人类的尊严和命运。我们所关心的核心问题，并不是人工智能在图像识别、自然语言理解等特定领域的发展，这些发展替代了人类劳动，方便了人类生活，再怎么发展我们也是不会厌倦的；我们真正关心的，是人工智能的发展在未来会不会导致机器取代了人，人类的存在变得不再有价值了。

上述问题是各类科普作品和大众传媒所津津乐道的。严肃的讨论则应该从强人工智能和弱人工智能的分类出发，见定义 1.1。

定义 1.1　强/弱人工智能

强人工智能（strong AI），或通用人工智能（artificial general intelligence, AGI），是具备与人类同等智慧或超越人类的人工智能，能表现正常人类所具有的所有智能行为 ①。

与此相对应，弱人工智能（weak AI）或专用人工智能（artificial narrow intelligence, ANI）则不具有人类的完整认知能力，只能用于专用领域，但在特定领域可以超出人类能力。　　　　　　　　　　　　　　　　　♣

图 1.4 给出了强/弱人工智能发展未来的易于理解的图示。绝大多数人都认同

---

① 类似定义见 Searle[22]：*"The appropriately programmed computer really is a mind, in the sense that computers given the right programs can be literally said to understand and have other cognitive states"* 和 Russell 等[23]：*"The assertion that machines could possibly act intelligently (or, perhaps better, act as if they were intelligent) is called the 'weak AI' hypothesis by philosophers, and the assertion that machines that do so are actually thinking (as opposed to simulating thinking) is called the 'strong AI' hypothesis"*。

我们当前还处在弱人工智能时期，而对于何时或者是否能够进入到强人工智能的时代，人们则莫衷一是。针对 2015 年两个主要 AI 会议的参会者做的问卷调查表明，有近一半的 AI 从业人员认为 AI 有可能在几十到一百多年里在所有领域超过人类[24]。但学界总体上对强人工智能的未来持怀疑态度，至少认为即便有可能实现强人工智能，也未必基于当前深度学习的基本范式。

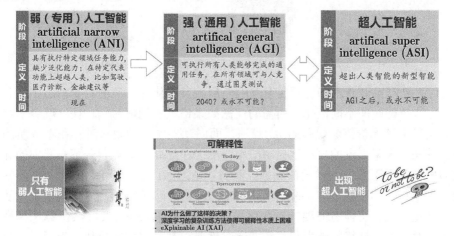

图 1.4　强/弱人工智能的界定及其未来发展可能示意图

注意图 1.4 事实上表明了强人工智能与超人工智能是等价的。这也就是说，如果出现了强人工智能,装配强人工智能的机器具有比人类快速得多的迭代能力,从而就很容易在很短的时间内（比如在几分钟几小时的可以忽略的时间长度上）发展出超人工智能，而在超人工智能的未来，人类有尊严的存在于世的决定权就要假手他人了。

既然强人工智能的出现意味着人类的生存寄希望于其他智能的悲催命运，那么真正有意义的技术领域的研究便应当仅限于没有强人工智能的未来，这正是本书所关心的人工智能时代的人机系统的基本出发点。

1.2.2　弱人工智能与人机混合智能系统

本小节首先从本书所着重关注的自动化控制应用的角度分析深度学习驱动的人工智能技术所存在的缺陷，这些缺陷所造成的人工智能的不完美和人工智能技术必然会大规模应用的事实，使得人类在大量包含了 AI 赋能的机器智能的系统中的参与变得越来越不可少，这些事实导致了"人机混合智能系统"的必然未来。

1.2.2.1　深度学习驱动的人工智能在自动化控制应用中的缺陷

尽管以深度学习为基础的人工智能技术已经得到了，并且也还正在进行着迅猛的发展，但在将人工智能技术应用于传统控制和自动化领域的过程中，控制的要求和深度学习的特性之间存在若干难以调和的矛盾，见图 1.5。

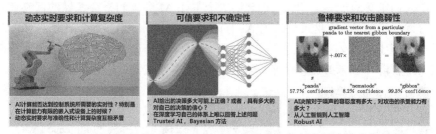

图 1.5　基于深度学习的人工智能技术面向自动化控制应用中存在的缺陷

（1）动态实时要求和计算复杂度的矛盾。自动化控制应用具有动态、实时的特点，系统随时间不断演化，所需的信息如果错过了当前时刻，往往就会变得难以利用甚至毫无价值。现有的 AI 算法在面向动态实时的要求时存在着本质的限制。首先，未来大量的自动化控制应用会出现在物联网的大背景下，其中的计算能力由各类受限的嵌入式设备提供，面向复杂的 AI 算法在计算能力和能耗各方面都有限制；其次，自动化控制系统的动态性质表示系统的底层模型也可能随时间而演化，因此可能有必要针对变化了的系统底层模型重新进行 AI 算法模型训练，这对嵌入式计算的能力和系统的实时性要求都是很大的挑战；最后，在模型复杂度上的折中也将不可避免带来准确度的损失，因此任何以减少计算复杂度策略的简化模型都有一定限制。

（2）可信要求和不确定性的矛盾。深度学习算法自身的缺乏可解释性（图 1.4）和本质上固有的不确定性，意味着深度学习算法的引入可能在决策层面引入了额外的不可信因素。尽管反馈控制本身可有效处理环境、模型等的不确定性，但针对深度学习算法所引入的不确定性，仍然缺乏统一的框架进行处理。从深度学习自身出发，有基于贝叶斯框架的不确定性刻画和分析方法，以及 trusted AI 的相关研究，但现有研究仅在起步阶段，离问题的真正解决尚远，甚至对问题是否能够得到彻底解决仍存有争议。

（3）鲁棒要求和攻击脆弱性的矛盾。因为所处环境的不确定性，自动化控制应用需要满足很强的鲁棒性，比如，大多数自动化应用在存在一定程度有界噪声的情况下都可良好运行。但深度学习算法有特殊的脆弱性，这种脆弱性会导致图 1.5 中出现的结果，即人眼无法分辨区别的原图片和加以噪声的干扰图片，深度学习算法可能会给出完全不同的分类结果。这种脆弱性自身，和在开放应用中面向针对性攻击时，如何保障使用了这些深度学习算法的自动化控制应用的鲁棒性，是一个在现有的鲁棒性框架下难以回答的问题。

上述深度学习驱动的人工智能的缺陷使得现有的 AI 技术在其传统领域所向披靡，但在面向自动化控制应用时则处处掣肘。如图 1.6 所示，深度学习所驱动的人脸识别技术可以成功的用于刷脸支付领域，在交通标志的实时识别上却存在困难。这并非由于在达到同样的识别精度方面后者会比前者困难很多，而更多是由于应用场景的不同和随之带来的技术要求的不同：在实时性要求方面，刷脸支付固然也有一定的快速性要求，但对这一点的要求并不严格，但高速运动的汽车如果对交通标志识别过慢则很容易造成严重后果；在可信要求方面，如果刷脸过程中系统有任何迟疑，完全可以通过增加密码输入的方式加强可信性，但自动驾驶的汽车则缺少这种保障性措施，任何对识别结果不可靠的质疑都会使得这样的应用无法落地；在鲁棒性要求方面，伪造的人脸固然可能会造成一定的金钱损失，但涂抹的交通标志造成的识别错误却是可以引发严重交通事故的，二者后果的严重性不可同日而语。

图 1.6　以深度学习为基础的图像识别技术应用于交通标志识别中存在风险

1.2.2.2　不完美的人工智能与人机混合智能系统

在第 1.2.1 小节中我们已经看到，这一轮的人工智能技术已经在众多领域取得了广泛的应用，而其未来的发展也不可限量，这些发展将深刻变革相关领域；但同时我们认识到，至少从有意义的技术研究的角度来看，我们需要假定只有弱人工智能存在的可预见的未来。进而，从上一小节中我们进一步认识到，当深度学习驱动的人工智能应用到自动化控制相关领域中时，其固有的若干缺陷在事实上限制了应用的广度和深度，而这些缺陷，在我们接受弱人工智能未来的前提下，很多在本质上是难以仅在深度学习和自动化领域内解决的。

直觉上来讲，由 AI 技术和自动化技术共同驱动的机器（如汽车）既具有了自动化能力（多种机械/电子控制系统使得汽车可以按指令行驶），又具有了自主能力（AI 驱动的环境感知和路径规划等能力），这使得人类的参与不再重要，毕竟如我们所见，机器已经可以在无人参与下完成越来越多的任务。然而，一个看上去奇怪但合理的现实却是，随着人工智能越来越广泛的应用于各种领域，特别是自动化控制领域时，人的参与将变得越来越不可少，也就是说，随着机器因为 AI 赋能而变得越来越智能，人类却需要更多的介入到系统的运行当中，见图 1.7。

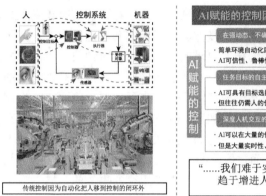

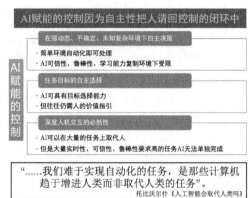

图 1.7　AI 赋能的控制因为自主性把人请回控制的闭环中

将人重新请回控制的闭环本质上源于以深度学习为基础的 AI 技术的难解释、鲁棒性差等特点。事实上，一方面，AI 驱动的机器智能为各个领域的自动化应用带来了巨大的想象空间，越来越多原先并不属于经典自动化范畴的领域也开始成为自动化的目标对象（从工厂流程自动化这一经典领域到无人驾驶这一全新领域）；另一方面，虽然 AI 在很多领域运作良好，但典型的自动化控制应用对系统稳定可靠运行的要求是现有 AI 技术难以保证的。利用深度学习在人脸识别领域的进展开发出刷脸支付技术是 AI 的一个成功范例，但在可预见的未来，我们仍难以把乘客的性命交给可以识别交通标志的无人驾驶系统（图 1.6），尽管识别有限种类的交通标志在技术上并不比人脸识别更难，但在车辆行驶这样的语境下任何的识别错误（包括 AI 固有的和对它的攻击造成的，比如篡改交通标志）都可能造成难以挽回的巨大损失，因而是难以容许的。这引发的悖论是，只要 AI 技术继续在自动化领域中进一步发展，而强人工智能未能出现（可能永远不会），那么人的参与就越来越变得重要和必不可少。实际上，谷歌旗下自动驾驶公司 Waymo 的总裁也公开宣称开放环境的无人驾驶可能永远不会出现，未来很可能是一种人机混合的形式（例 1.7）。

这样，AI 驱动的机器智能在自动化领域的进击把人重新引入控制的闭环，这是从工业革命以来第一次出现的奇特现象。以前我们致力的无外乎以机器取代人力，而现在则必须面对人与机器在智能这一层面的共融共存，而不是传统的在人的指令下机器自动运行的系统结构范式，造成了人与机器关系的根本性变革。

图 1.7 中所示的人机共存的系统与在第 1.1 节中介绍的传统人机系统本质上的区别在于，在我们所考虑的人机系统中，机器具有了 AI 赋予的智能和自主性，从而在决策的层面上与人类展开了合作和竞争，这是传统人机系统不曾考虑的；另外，我们所考虑的机器和系统对象也较多面向复杂的自动化控制应用，这也是传统人机系统较少考虑的。为明确起见，我们称这类系统为"人机混合智能系统"，

并作概念性的定义如下。

> **定义 1.2　人机混合智能系统**
>
> 人机混合智能系统是一类特殊的人机系统，在其中机器具有 AI 赋予的智能和自主性，且机器对象一般为动态自动化控制系统。♣

我们将人、自动化、人机、自主性等重要概念的历史发展绘制为概念图示，见图 1.8。技术的发展首先把人从繁重的手工劳动中解放出来（从图 1.8(a) 久远之前的世界到图 1.8(b) 现在的世界），这时候一部分的工作需要同时人和机器的参与，形成了传统的人机系统（图 1.8(b) 现在的世界）；AI 赋能的机器智能极大地拓展了自动化的应用范围，同时却也使得人在这些新型的自动化应用的参与变得越来越不可少（从图 1.8(b) 现在的世界到图 1.8(c) 不久之后的世界），形成新型的人机混合智能系统（图 1.8(c) 不久之后的世界）；至于更为久远的未来的发展，则更多是一个信念问题：相信强人工智能的存在，则需要面对一个不会留下人类位置的未来世界（图 1.8(d) 久远之后的世界?），相信只有弱人工智能，则图 1.8(c) 不久之后的世界就是未来世界的模样。

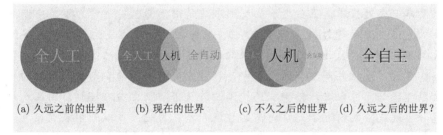

(a) 久远之前的世界　　(b) 现在的世界　　(c) 不久之后的世界　(d) 久远之后的世界?

图 1.8　人、自动化、人机的发展关系概念图

1.2.3　人机混合智能系统的典型例子和场景

本小节首先给出若干人机混合智能系统的具体例子，增加读者的感性认识，进而总结人机混合智能系统的典型场景，从而界定该类系统的研究范畴。

1.2.3.1　人机混合智能系统的典型例子

本节给出几个人机混合智能系统的典型例子。

> **例 1.7　无人驾驶还是人机混合驾驶?**
>
> 随着谷歌、特斯拉等企业在自动驾驶领域的巨大投入和大量传统车企的紧随其后，该领域的技术发展在近些年日新月异。
>
> 在全球自动驾驶领域，Waymo（与 Google 同为 Alphabet 旗下子公司）是极为少数的领先者。公司 CEO John Krafcik 在 2018 WSJ D.Live 技术大

会上承认了自动驾驶道路漫长，他说，虽然无人驾驶汽车"真正在这里"，现实中也出现了自动驾驶汽车，但它们还远远没有普及。最主要的原因在于，自动驾驶技术还没有达到在任何天气和任何条件下都能驾驶的最高等级 L5。在接受媒体采访时 John Krafcik 则明确表示，完全自主的 L5 级自动驾驶是不可能的："That's a somewhat unreasonable expectation, and it's sort of not even necessary because we so rarely drive from San Francisco to Santiago, Chile. We just don't do that"①。

很可能未来的自动驾驶依然需要人的深度参与，从而构成某种形式的人机混合智能系统。　　　　　　　　　　　　　　　　　　　　　　　　　　◇

例 1.8　通过人类驾驶员注意力检测提升人车共驾安全性

据公安部统计，截至 2019 年底，全国机动车保有量达 3.48 亿辆，机动车驾驶人达 4.35 亿人，其中汽车驾驶人 3.97 亿人 ②。据中国疾控中心机动车安全处报道，五分之一的交通事故是由于驾驶员注意力不集中而发生的，这也导致超过 425000 人受伤，其中由驾驶员注意力不集中而导致大约 3000 人丧生。例 1.7 表明未来的自动驾驶很可能依然需要人的深度参与，在这种人机共同参与的驾驶中，有可能通过机器的参与提升驾驶的安全性，比如，可以在人精神状态饱满的时候将车辆交由人控制，而在人的驾驶出现危险的情况下允许汽车的智能介入。为此，可以利用装置在汽车前挡风玻璃处的摄像头采集人脸信息，进而使用基于深度学习的图像识别技术识别人的注意力是否集中，通过检测到的人类驾驶员在驾驶时的注意力集中程度判断拥有一定自主驾驶能力的汽车是否强制介入或仅做注意力提醒[25]。

通过具有一定智能自主能力的机器的介入提升人机系统整体可靠性，是人机混合智能系统的一种典型应用场景。　　　　　　　　　　　　　◇

---

① 见：https://dailyjournalonline.com/business/investment/personal-finance/the-ceo-of-this-driverless-car-company-still-loves-to-drive/article_a2f9c51b-aa19-5c77-a138-a8a07431bc5d.html。访问日期：2020 年 7 月 29 日。

② 见：https://www.mps.gov.cn/n2254314/n6409334/c6852472/content.html。访问日期：2020 年 7 月 31 日。

例 1.9   脑机融合的混合智能（cyborg intelligence）

按照维基百科的解释 ①："赛博格，又称生化人、改造人或半机器人，是控制论有机体 (cybernetic organism) 的简称，是拥有有机体 (organic) 与生物机电一体化 (biomechatronic) 的生物，该词最早由曼菲德·克莱恩斯和内森·克莱恩在 1960 年创造"。依托赛博格的概念，出现了脑机融合的混合智能（cyborg intelligence）[26,27]。在赛博格中人和机器的功能分野是清楚的：思考决策仅由生物体进行，机器只是增强身体机能。如果我们将机器和生物体的大脑直接相连，即通过设计脑机接口，充分融合人的思考与机器算法或生物智能和机器智能，以人机混合系统为载体，形成兼具生物智能体的环境感知、记忆、推理、学习能力和机器智能的新型智能，就成了脑机融合的混合智能。另外，从模仿人脑功能的角度出发，也有基于认知计算的混合增强智能[28]，定义为模仿人脑功能的新的软硬件，可提高计算机的感知、推理和决策能力。   ◇

例 1.10   人在控制闭环的智能家居与智能可穿戴设备

智能家居设备和系统在近些年随着物联网、智能硬件等的迅速发展得到了大面积的普及。智能安防（指纹锁和云端监控等）、智能温控（Nest 温控系统等）、智能灯光（光源联网、情境灯光等）等典型应用场景都有了很多成熟的产品。相信智能家居产品在未来会得到进一步的发展，使人们的生活越来越智能，越来越方便。但现有的智能家居产品与人的互动依然是极为简单的，在大多数情况下，智能家居产品的使用范式如下：人发出指令，智能家居产品自动执行指令，或者是，智能家居产品监测环境变化，自动执行一定操作。在这两种范式中，人都不在智能家居系统的闭环回路中，见图 1.9 上半图中所示的现有智能家居系统运行的流程。

智能家居产品是直接为人服务的，其性能好坏最重要的指标应该是人的主观感受，因此将人显式的置于智能家居系统的闭环中是很必要的。将人显式的置于智能家居的闭环至少以下两个方面有用：一是利用对人的状态的观测和估计[30]，使得智能家居产品的运行可以按照人的状态变化而变，比如随着人的情绪或工作状态而变的灯光系统；二是提供人的最终决断权，智能系统提供执行选项，而由人根据主观意图进行最终选择。这构成为具备情境感知的智能家居的基本框架，见图 1.9 下半图的流程示意。

---

① 见：https://zh.wikipedia.org/wiki/赛博格。访问日期：2020 年 7 月 29 日。

类似于智能家居产品，智能可穿戴设备近些年也得到了爆发式的增长。大多数智能可穿戴设备本身仅仅是单个的设备，并不构成明显的控制闭环。如手环和智能手表可以测量佩戴者的步数，甚至检测较为复杂的运动形式，或提供在浅睡区叫醒的功能，但在所有这些功能中人的参与并不深入，主要是作为受控对象而存在，并不承担更主动的控制角色。

更广义上讲，各类康复机器人也都属可穿戴设备。比如霍金的轮椅，和用于辅助有困难的人行走的装置等[31]。现有的设备在智能化和人的参与上（主要是人的状态估计[32]）仍存在比较大的发展空间。   ◇

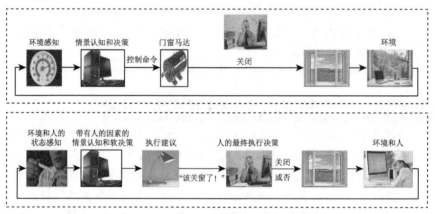

图 1.9   密切考虑人的因素的情境感知智能家居示意图（借鉴并重新绘制自原著[29]）

例 1.11   人机协作的遥操作微创外科手术

达芬奇外科手术系统是一套由人操控机器人进行微创手术的外科手术系统，可用于前列腺切除术、心脏瓣膜修复等手术过程。截至 2012 年该手术机器人已进行了超过 20 万次手术。

在手术过程中，病人躺在特制的手术车中，外科医生则在独立的操作台上通过观看患处的 3D 高清视频（经放大），操控手术车上的机械臂进行手术。

这一系统充分利用了外科医生的医疗知识（知道在何处进行何种操作）和 3D 高清视频系统对患处的放大及机械手在极小尺度下的精确度，达到了单纯人或机器都无法达到的效果：人很难在微创的极小尺度下精确操作，而机器人则难以判断如何进行手术[33]。   ◇

1.2.3.2 人机混合智能系统的典型场景

结合 1.2.3.1 节给出的大量例子，我们总结人机混合智能系统的典型应用场景如下。相关的一些场景的更为直观的介绍可见图 1.10。

图 1.10 人机混合智能系统的典型场景示例

（1）**人类目标太过复杂**。人的需求/目标太过复杂或因人、因时而变，无法离线处理，比如各类康复或增强人类身体机能的机器人，其设计和运行要将人的需求显式地纳入到控制系统的闭环中 (例 1.1、例 1.10 等)。

（2）**保持人类绝对控制**。比如武器系统尽管可以自主运行，但人的最终绝对控制是必不可少的，系统设计需要留下人可以至少在关键节点决定系统运行路线的能力①（例 1.4）。

（3）**防止人类低级错误**。出现低级错误或在特定情况下强制接管人类控制的机器设计：比如在智能座舱的例子（例 1.2）中机器应该能够准确判断人是否已经丧失触发弹射的能力，并在危急情况下强制触发弹射；在人车共驾的例子（例 1.7）中在检测到人的危险情况时汽车的强制介入；等等。

（4）**人的认知增强机器性能**。比如使用脑电信号来训练机器学习算法[35]，通过人的介入增强机器学习的能力，或通过人的认知能力来指导 AI 系统运行[36]，从而提升 AI 算法的性能。

（5）**人机混合增强智能**。分别利用机器和人的独特优势获得单独一方都无法取得的性能设计：比如赛博格（例 1.9）以机器作为有机体（包括人与其他动物在内）身体的一部分，借由人工科技来增加或强化生物体的能力；又如达芬奇外科手术机器人（例 1.11）与人类医生一起才能更好进行单独人或机器都无法进行的外科手术。

---

① 如 Santoni de Sio et al. 所指出的："*... the principle of 'meaningful human control' has been introduced in the legal-political debate; according to this principle, humans not computers and their algorithms should ultimately remain in control of, and thus morally responsible for, relevant decisions about (lethal) military operations*"。

1.2.4　人机混合智能系统中人的位置

从上面的分析我们可以看出，如果要对人机混合智能系统进行进一步的研究和分析，首先需要对人在该类系统中的地位和作用做明确的分析和说明。事实上，在传统人机系统中，针对这一点已经有较为广泛接受的分类[37]，即按照人在系统中的地位对人机系统分为"人在环内"（in-the-loop）、"人在环上"（on-the-loop）和"人在环外"（out-of-the-loop）三种类型。针对本书关注的人机混合智能系统，也可大致沿用这一分类，整理为定义 1.3。

定义 1.3　按人的地位和作用对人机系统的分类[37]

- "人在环内"（in-the-loop）：系统在运行过程需要人的深度参与，通过人和机器在系统内的共同作用，取得单独人或机器无法达到的效果。

- "人在环上"（on-the-loop）：系统的运行过程由具有自动/自主能力的机器自行进行，但系统的目标设定和构建训练等过程需要人的深度参与。

- "人在环外"（out-of-the-loop）：系统在构建训练、运行过程中均不需要人的深度参与，而由具有自动/自主能力的机器自行进行。

由上述定义可见，"人在环外"的系统代表了大多数不需要人深度参与的自动化系统，不在人机系统的范畴内，因此我们不多加考虑；"人在环上"的系统中尽管在系统运行时人的因素与机器分离，但在系统的构建过程中人的深度参与是无法分离的，因此是我们所考虑的人机系统的一类；"人在环内"的系统在设计和分析阶段已经包含了人的因素，是人机系统的经典形式。在本书中，我们试图在统一框架下同时考虑"人在环上"和"人在环内"的人机系统，在下文中出现的"人机系统"可以泛指这两类人机系统形式。

"人在环上"的系统中人与机器处于非对称的地位，或者是满足人的需求或保持人的控制，则有人-机器的主从关系，或者是利用机器能力防止人的错误，具有机器-人的主从关系。"人在环内"的人机系统中人与机器处于平等的地位，目的是利用各自的优势取得单纯人或机器难以取得的整体效果。当然，这两种人机系统是紧密联系在一起，不能截然分开的。前者主要是从系统结构角度来看，后者则从功能角度来看。

部分"人在环上"的人机系统具有以人为中心、机器是人的辅助的特点[38]。比如，智能家居产品的首要目标是满足人对家居生活简单、轻松、自动的要求，可穿戴设备的首要目标是准确监测人的各项状态并提供合理建议，武器的最终控制权在人手中，霍金的轮椅以满足他的需要为唯一存在价值。人加入到控制系统的回路中，是因为只有这样人的需求才能得到更好地满足，而不是要辅助机器完成本该由机器完成的功能。由于这一特点,这类人机系统中最为关键的问题就是对人的需求的准确理解和建模。唯其如此,控制系统的设计才能有的放矢。然而,最为困难的也是难以获取人的准确模型:人的感知、认知、目的、意图、决策等都有太大的随意性和难以量化的特点,很难用控制系统中熟悉的在数学上严格的微分方程、差分方程等工具描述。另外,在"人在环内"的人机系统中,系统本身往往并不为参与到系统中的人或机器服务,而是一起为了系统外的目标进行协作。

1.3　人机混合智能系统的研究挑战

在第 1.2 节的讨论中我们指出,一方面,由于机器的部分是由 AI 赋能的,并且侧重于自动化控制应用,因而人机混合智能系统不同于传统人机系统;另一方面,由于在系统中人的紧密参与是无法剥离的,因而人机混合智能系统不同于一般 AI 赋能的自动化控制系统。从这样的区分出发,容易理解设计和分析人机混合智能系统的关键核心在于对 AI 赋能的自动化控制应用的自主性的界定,和随之而来的人与机器在智能自主层面的竞争和合作。这正是本书的主题。

本节首先就自主性概念做简单的讨论,然后探讨相关领域的研究,随后概述人机混合智能系统研究中的本质困难,最后进一步展示学术界和各国政府对这一研究领域的关注。

1.3.1　作为关键核心的自主性

从自动化控制系统的角度来看,人机混合智能系统的发展可能会有助于形成一种新型的自动化/人工智能/人的三层次人机协同基础架构。在技术发展上,我们已经有了基于控制理论和自动化技术的机器执行层面上物理/机械/电子等的自动化,使得机器具有自动执行具体指令的能力,能够根据给定的指令做出相应的行动。人工智能和大数据等技术则带来了环境感知和策略选择等方面的自主能力,使得机器能够识别周边环境进而自主选择合适策略,发出指令并经由机器的自动化完成最终目标。而人则往往负责最终目标的选择、设定和不确定情况下的临机决断等。这样,就形成了新型的自动化/人工智能/人的三层架构的人机协同控制,该架构见图 1.11。注意在图 1.11 中,机器通过 AI 赋能第一次提升自己的位置与人平起平坐:二者共同进行系统决策,而物理执行仍交给经典的自动化控制系统。

引发图 1.11所示的人机系统新范式的根本原因,毫无疑问在于 AI 赋能所引发的机器的自主性。这种自主性使得机器已经不甘于只负责执行部分,而要在决策过程甚至是目标设置过程占有一席之地。

尽管有种种困难,但可以想象的是,深度融合了人工智能技术的新型人机协同控制架构带来了未来智能控制发展的新范式,很有可能是未来智能控制发展的一条必由之路。

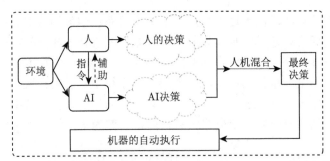

图 1.11   人机混合智能控制系统的"自动化/人工智能/人"三层基础架构示意图

1.3.2   人机混合智能系统及其自主性的相关研究

本小节简要概述在人机混合智能系统及其自主性相关领域的研究现状。需要注意的是，按照我们前面的介绍，人机混合智能系统作为传统人机系统在人工智能时代的新发展，是一个近乎全新的研究领域，因此下面所介绍的相关研究很少是直接面向人机混合智能系统本身的。但同时，任何研究领域都是建立在现有的科学发展基础上的，并非是无源之水、空中楼阁，其研究发展也应当建立在对现有技术方法的转移、改造基础上的，因此对这些相关领域的深入理解在某种意义上是人机混合智能系统发展的必由之路。

下面的介绍从三个角度展开。首先介绍人工智能自身在可解释性和不确定性刻画方面的工作，然后从自主性的角度介绍可信自主和可调节自主等概念，最后从人与机器在系统中的控制和自主权占有和切换的角度介绍介入控制、共享控制和共享自主等方面的研究。

1.3.2.1   AI 的可解释性和不确定性

基于深度学习的人工智能技术首先通过大量数据的训练拟合得到底层神经网络模型的成千上万的参数，然后由这些包含了成千上万个参数交互影响的复杂模型对输入数据进行预测。在这个过程中，一方面，对于模型为什么是这样的形式、参数是不是最优很难有令人信服的解释；另一方面，预测结果也天然包含了很难描述和控制的不确定性。事实上，AI 算法的不可解释和 AI 预测的不确定性极大地阻碍了人工智能技术在要求较为严格的场景下的应用，正如在图 1.6 中所展示的，AI 驱动的图像识别技术在刷脸支付上应用良好，而在交通标志识别上则前路坎坷。

针对 AI 的可解释性，初步研究大多在 eXplainable artificial intelligence (XAI) 的框架下展开。Barredo Arrieta 等[39] 提供了这方面很好的一个综述，指出 AI 可解释性这一重要问题是在之前的专家系统等人工智能实现途径中不存在的："... *the entire community stands in front of the barrier of explainability, an inherent problem of the latest techniques brought by sub-symbolism (e.g. ensembles or Deep Neural Networks) that were not present in the last hype of AI (namely, expert systems and rule based models)...* ",并讨论了该领域中的重要概念和术语的定义,对已有的研究做了较详细的介绍和比较。Wang 等[40] 也对 XAI 做了综述,并提出了一个理论驱动的面向用户的 AI 可解释性框架,不过主要还是概念模型性质的,尚不能直接落地。Alexandrov[41] 从人与机器交互的角度纯概念性质的介绍了可解释 AI 的一些概念和可能的研究框架,Zhu 等[42] 提出了以用户为中心的 explainable AI for designers 的 XAI 范式,Hemment 等[43] 则提出艺术家也可以参与到可解释的 AI 的构建中来。

与上述 AI 可解释的研究尚大致仍在概念阶段不同,AI 不确定性的研究已经有较为成熟的定量研究的框架,这一框架主要的是基于贝叶斯理论的[44-46]。Ghah-ramani[47] 介绍了机器学习的贝叶斯方法,令人信服的说明贝叶斯方法更加适用于"小数据"决策等影响重大的应用场景。进而,Gal[48] 在其博士论文和其他相关论著中基于贝叶斯方法对深度学习不确定性的定量刻画做出了系统性的研究[49],Malinin[50] 则进一步将深度学习中的不确定性细分为模型不确定性、数据不确定性和分布不确定性,并给出了定量刻画方法。基于上述研究工作,我们对深度学习的不确定性已经有了初步可用的描述方法,尽管在面向具体的人机系统时仍有大量的实际问题需要解决。

1.3.2.2 可信自主和可调节自主

如在第 1.3.1 小节中所述,对自主性的理解是人机混合智能系统研究的关键核心。在该方面,有两个相关的既有概念,即可信自主 (trusted autonomy) 和可调节自主(adjustable autonomy) 值得特别关注。

Abbass 等[51] 给出了可信自主的如下定义:

Trusted autonomy (TA) is a field of research that focuses on understanding and designing the interaction space between two entities each of which exhibits a level of autonomy.

Mostafa 等[52] 则在其综述论文中列举了可调节自主的若干不同定义:

- *An intelligent system where the distribution of autonomy is changed dynamically to optimize overall system performance*
- *A mechanism through which an operator delegates authority to the system that can be taken back or shared dynamically throughout mission execution*
- *Dynamically dealing with external influences on the decision-making process based on internal motivations*

- *The property of an autonomous system to change its level of autonomy while the system operates. The human operator, another system or the autonomous system itself can adjust the autonomy level.*

从上述定义可以看出，尽管已经有一些相关研究 [53,54]，关于可信自主和可调节自主的研究大致仍在一种非定量的概念层次，因而并不能在人机混合智能系统的研究中直接利用，但这两个概念自身具有一定的重要性，也对我们的研究有很好的启发价值。

1.3.2.3　介入控制、共享控制和共享自主

人机混合智能系统与传统人机系统的本质不同在于前者由于 AI 的赋能使得机器也具有了不可忽视的智能自主能力，这样在人机混合智能系统中就存在了人和机器这两种自主性，为了整体系统的有效运行，系统的自主如何在人和机器之间分配和协调就成为关键问题。在这方面，我们可以从传统人机系统中的介入控制（traded control）、共享控制（shared control）和共享自主（shared autonomy）的研究框架中得到启示。

由 IFAC 共享控制技术委员会的几位专家新近撰写的一篇综述文章[55] 明确指出直到目前共享控制仍缺少统一的定义："*There is no single definition for shared control that is used across application domains. Often, studies use the term "shared control" without providing a definition, and among studies that do define the term, definitions vary.*"作为密切相关的概念，缺乏统一接受的严格定义这一点对介入控制和共享自主同样成立。

为了让读者能够从不同角度理解上述几个概念，我们从文献中找到尽可能多的典型定义并列举如下。

Owan 等[56] 给出了关于介入控制的一般定义，并对其运行逻辑进行了说明，强调人或者机器在任何时候对系统都有排他性的控制权：

In traded control, the machine or human agent has exclusive control of a system at any point in time. Mixed-initiative trades in control can be proposed by either the machine or human based on agent-specific models of failure probability. Disagreement stems from differences in the agents' models of failure, and occurs when the agents do not agree to a proposed trade.

Phillips-Grafflin 等[57] 则从人与机器人的交互角度给出了介入控制的如下定义：

In traded control the operator and the robot both control the robot's actions. The operator initiates a task or behavior for the robot. The robot then performs the task autonomously by following the desired input while the operator monitors the robot.

其中，人和机器人处于不同的地位：人是目标的制定者而机器人是行为的执行者，这实际上更近于传统人机系统中人与机器的关系。

关于共享自主，Reddy 等[58] 给出了如下的简洁定义，强调人与机器所要达到的共同目标：

In shared autonomy, user input is combined with semi-autonomous control to achieve a common goal.

Schilling 等[59] 给出了面向遥操作情形的共享自主定义，其定义的内涵更加靠近介入控制的概念：

... shared autonomy is understood as a case in between fully autonomous behavior and teleoperation. The term shared refers to the aspect that the actions of the system are controlled either by the system or transferred to the user.

Fu 等[60] 所定义的共享自主强调人和自主控制器之间的控制切换，并给出了相关的例子：

... a class of shared autonomy systems featured by switching control between a human operator and an autonomous controller to collectively achieve a given control objective. Examples of such systems include robotic mobile manipulation, remotely tele-operated mobile robots, and human-in-the-loop autonomous driving vehicles.

作为互相关联的概念，Flemisch 等[61] 对比了共享控制和介入控制的概念，指出二者主要的区别在于对于系统的控制人与机器是同时进行还是交互进行的：

... shared control, where human and machine work together simultaneously, and traded control, where human and machine take turns in controlling the task ...

Flemisch 等[62] 进一步对比了共享控制和人机协同（human-machine cooperation）的概念，指出前者关注控制权的共享，后者则更关注任务和情境的共享：

Shared control stresses the fact that human and machine share control over a system together, whereas human-machine cooperation, stresses the fact that humans and machines share the same tasks and control a situation cooperatively.

与上述 Flemisch 等给出的定义[62] 相矛盾，Itoh 等[63] 则认为共享控制关心的恰好是任务和情境的共享：

Shared control, where the machine and the human share tasks and control the situation together, and its extension cooperative automation are promising approaches to overcome automation-induced problems, such as lack of situation awareness and degradation of skill.

Abbink 等[55] 列举了对共享控制概念的历史发展，最后给出了自己的综合了历史发展的更为清晰的定义如下：

In shared control, human(s) and robot(s) are interacting congruently in a perception-action cycle to perform a dynamic task that either the human or the robot could execute individually under ideal circumstances.

Abbink 等[55] 进一步指出了上述定义与相关的完全自动化、人类控制、介入控制、二值警告系统和决策支持系统等的区别：

. . . this definition excludes full automation (where there is no human) or manual control (where there is no automation). It also excludes traded control, because in traded control human-machine interaction is not temporally congruent. More specifically, a case where control is traded to the human who goes out of the loop temporarily to get back into the loop later would not fall under our shared control definition. Shared control also excludes binary warning systems and decision support systems because these systems only support the perception side of the perception-action cycle。

在此基础上，Abbink 等[55] 进一步给出了共享控制设计的三个公理。第一公理强调人与机器之间的沟通和理解：

Shared control should link the actions of the human(s) and the robot(s) by combining their efforts toward a final control action, decision, or plan, such that each agent directly perceives how its intent is shaped by the other agent, without having to wait for controlled system dynamics to reveal the outcome of their joint efforts.

第二公理关乎设计的安全性和性能：

Shared control finds its highest safety utility in circumstances where situations and conditions can rapidly change beyond the envisioned design boundaries of the robot, and where rapid adaptation in human involvement is needed to maintain system integrity.

Shared control finds its highest performance utility in circumstances where a human's situated control, perception, or cognitive ability is the main limiting factor for the combined performance, and where the robot complements these human abilities.

第三公理则关心机器的性能边界：

To evaluate a human‐robot system, it is necessary to evaluate within and beyond the boundaries of the task domain for which the robot was designed, as well as within and beyond the boundaries of the robot limitations imposed by hardware, cost or policy‐insofar as necessary to meet the full spectrum of realistic situations and conditions where humans may use the robot.

从上面这些甚至存在相互矛盾的定义可以看出，介入控制、共享控制和共享自主相关领域尽管已经经过了多年发展，但仍然是相当不成熟的。产生这一现象的原因，我们认为与传统人机系统中的自主性的概念不明确、针对性差、缺乏定量描述有密切的关系。在本书中我们关心以深度学习为基础的人工智能技术带给机器的自主性，一方面这是这些概念在人机混合智能系统这一新形式的人机系统时代的自然发展；另一方面，聚焦于人工智能技术使得我们有可能对自主性进行更为明晰的定量刻画，从而有助于上述研究领域向严格、定量的方向发展。

从概念上讲，介入控制和共享控制是互相对立和联系的一组概念，而共享控制和共享自主是一组含义相近的概念。我们注意到在很多定义上共享控制和共享自主并没有明确的区分，尽管究其字面意思来讲，共享控制的关注点更多在"控制"一个任务，因此更多与机器人这类自动化系统相关，而共享自主则关注"自主性"的共享，概念比共享控制更广一些。在本书中我们关心的人机混合智能系统以自动化控制系统应用为主要对象，在面向这类对象时共享自主事实上与共享控制并无本质差别，因此在本书中我们主要使用共享控制的概念，而共享自主也会作为同义词来使用。

在介入控制和共享控制的研究上，首要的问题是相关模型的建立。在这方面，Gopinath 等[64] 给出了共享控制的一个形式化的描述定义，尽管由于人和机器自主性的定量描述有着本质的困难，使得这一形式化的模型必须针对具体问题再做具体化，但这一一般模型仍有很好的参考价值。另一方面，基于部分可观马氏决策过程（partially observable Markov decision process, POMDP）对人机系统进行建模也是一类主要方法。比如，Javdani 等[65] 将共享控制问题建模为带有不确定性的POMDP 模型，使用最大熵逆优化方法估计用户目标的分布，并使用事后优化方法求解建模的 POMDP 问题。Zhou 等[66] 则以钢琴为例将学习者和学习系统的自主性融合在 POMDP 模型框架下，实现了学习系统和学习者之间的自主性共享。

在一类传统人机系统中，系统的设计目标是由机器辅助人实现其计划目标，其中的一个经典问题是实现人的意图推测，因为对机器来讲，人机系统中人的意图往往是未知且时变的，而如果知道了人类意图，则剩下的问题就不依赖人机系统的框架了。比如，人通过无人机上装置的摄像头进行观察，无人机的自动系统可保证自身稳定飞行，但它并不知道人类的观察目标，因而对下一步如何运动缺乏预期，也影响了无人机自身飞行动态的优化。实现意图推测大致有两类方法，一类方法中已知一个可能的目标集（如机械臂抓取任务中所有可以抓取的物体），其中有用户的真正目标，机器根据用户的历史控制行为计算目标集上的概率分布，概率最大者即为用户目标[67,68]；另一类方法中已知一组可能的行为（如向左移动、向右移动等），通过行为推断所有可能的任务（如跟踪轨迹、拾取物体等），计算任务的概率分布，概率最大者即为用户意图[69]。

在人机混合智能系统领域，基于深度学习或深度强化学习的共享控制方法在近几年开始出现，这种本质上无模型的方法展现出巨大的发展潜力。Reddy 等[58]利用任务的奖赏作为唯一的监督数据，训练一个从环境观测和用户输入到系统动作的端到端映射，移除了对系统动态、目标表示和用户行为模型等先验模型的要求。Broad 等[70] 也不需要系统的先验模型，而是通过 Koopman 操作符来学习系统动态；Sadigh 等[71] 则关心通过学习得到的人的行为模型，提出了基于最优的设计方法，优化中需要对人的未来行为进行预测，而这个预测是在不知道人的奖励函数的前提下学习的。在共享控制仲裁函数的设计方面，Javdani 等[65]、Oh 等[72] 则提出了基于数据的学习和优化方法，有很好的借鉴价值。

其他一些研究则关心共享控制的一般性框架。比如，前面提到的 Abbink 等[55]给出了共享控制的一般性定义和设计的基本准则；Fridman[73] 以自主驾驶为背景，给出了共享控制设计的七个原则；Flemisch 等[61] 则在更为广泛的包括介入控制、共享控制、监督控制等范畴内试图给出一个统一的研究框架。

一些优秀的综述文章也值得关注。比如 Losey 等[74] 给出了人与机器人物理交互中共享控制的很有价值的综述，关注其中的三个方面：意图检测、仲裁和沟通/反馈。Alonso 等[75] 则针对共享控制框架的所谓"系统透明性"做了详细的综述，其中透明性被定义为 "... the observability and predictability of the system behavior, the understanding of what the system is doing, why, and what it will do next"。Waytowich 等[76] 总结了人机交互学习的分类：或者从人类示范中学习，或者从人类干预中学习，或者从人类评价中学习，这对设计共享控制策略有一定的参考价值。

1.3.3   人机混合智能系统研究面临的挑战

人机混合智能系统的发展面临着巨大的机遇和挑战。我们在此抛砖引玉地列举若干面临的困难，更多的机遇和挑战会随着相关领域研究的发展而不断揭示出来。

（1）**人工智能的不可解释性/不可预测性/自主性边界模糊造成其与机器自动**
化和人的智能之间的融合困难。以机器学习（深度学习为其典型代表）为基础的
人工智能方法基于数据和算法对结果做概率估算，由于方法本身的概率性质和系
统的复杂性，结果的不可解释、不可预测是其本质特征，从而造成以人工智能为
基础的人机系统的自主性边界是模糊、不确定的。这种自主性边界的模糊使得在
机器自动化、机器智能和人的智能之间进行有效融合和切换变得非常困难。

（2）**人机混合智能系统涉及的多个领域的定量描述程度的不同造成相互间对**
话和融合的困难。这一领域涉及机器自动化、人工智能驱动的机器自主性和人的
智能自主三个不同层面和领域，而三个领域的定量描述程度有显著的差别：自动
化领域一般可由严格数学方程描述（如微分/差分方程），人工智能领域一般可由
较为严格的计算算法描述但缺少一定的数学精确性，而人的智能则更多依赖规则
和直觉，缺少量化。如何对这三个领域使用统一可接受的描述语言成为一个基本
困难。

（3）**相关演示/验证平台构建也存在多种技术融合的困难**。面向人机系统自主
性研究的演示/验证平台将以软件为核心，一方面完成算法和策略的计算机程序化，
另一方面完成平台与现有人机系统的对接。仅在前一方面，就将涉及控制系统设
计、人工智能算法实现、人机融合控制等本来由完全不同软件实现的功能，选取
何种软件加以改造，或如何设计全新软件系统，都将是一个较为棘手的问题。

1.3.4　学术界和政府关注

国际自动控制联合会（International Federation of Automatic Control, IFAC）技
术委员会 4.5（Technical Committee (TC) 4.5）：Human Machine Systems[①] 是在人机系
统领域广为知名的学术组织，关注人机系统相关的大多数研究领域：*"The primary*
goal of this TC is to exchange ideas and the latest research progresses/findings/discoveries
in the diverse areas of Human Factors, Human Performance, Human-Machine Systems,
Human-Machine Symbiosis, Human-Computer Interaction (HCI), Human-Automation
Interaction, Human-Systems Integration, Human-Machine Hybrid Intelligence, Bra-
in-Machine Interaction, Brain-Computer Interfacing, Neuroergonomics, Cognitive Ps-
ychology, Engineering/Technical Psychology, Cognitive Neuroengineering and Ne-
urotechnology, Intelligent and Autonomous Systems, and Decision-Support Systems"。

国际电子电气工程师协会下属的系统、人与控制论学会（IEEE Systems, Man,
and Cybernetics Society）所关心的三个技术领域其中之一即为人机系统[②]，关注

---

① 网站见：https://tc.ifac-control.org/4/5。访问日期：2020 年 7 月 29 日。

② 网站见：http://www.ieeesmc.org/technical-activities/human-machine-systems。访问日期：2020 年 7 月 29 日。

如下研究领域："... *human/machine interaction; cognitive ergonomics and enginee-ring; assistive/companion technologies; human/machine system modeling, testing and evaluation; and fundamental issues of measurement and modeling of human-centered phenomena in engineered systems*"。在该学会下面专门设有一个"共享控制"技术委员会①，这一技术领域与人机混合智能系统密切相关，也会在本书中多次出现。

在国内，中国自动化学会混合智能专业委员会于 2017 年 7 月在西安成立②，宣称："随着智能机器与各类智能终端不断涌现，人与智能机器的交互、混合是未来社会的发展形态。然而人类面临着许多具有不确定性、脆弱性和开放性的问题，任何智能的机器都无法完全取代人类，这将需要将人的作用或人的认知模型引入到人工智能系统中，形成混合增强智能的形态"。

国务院发布的《新一代人工智能发展规划》[77,78] 中明确指出，人机协同的混合增强智能是新一代人工智能的典型特征，并将人机协同的混合增强智能作为规划部署的五个重要方向之一。斯坦福大学和加州伯克利大学发布的关于人工智能发展的技术报告[79,80] 也都将人机混合智能作为一个重要的研究方向。

由于自主性研究可能导致的致命自主武器的发展，国际红十字会（ICRC）召开了多次专家会议[11,12] 研讨武器的自主性可能会带来的道德和法律风险，在会议中将自主武器系统定义为"任何在关键功能中具有自主性的武器系统"，该类武器系统可在没有人为干预的情况下选择和攻击目标。斯德哥尔摩国际和平研究所（Stockholm International Peace Research Institute，SIPRI）则在 2017 年 9 月的一份影响广泛的报告中指出应关注"武器系统中的自主性"，而非笼统的"自主性武器"或"致命性自主武器"，将"自主性"本身视为最为核心的要素[37]。

1.4　本章小结

本章从传统人机系统出发，结合人工智能技术的发展展望，给出了本书所关注的人机混合智能系统的定义、例子和特点描述，并对相关研究的关键核心和难点做了说明。在后文中我们将从人机混合智能系统的自主性和相关人机控制策略设计两个方面展开详细的论述，以期建立人机混合智能系统的概念、模型和方法的初步框架。

---

① 网站见：https://www.ieeesmc.org/technical-activities/human-machine-systems/shared-control。访问日期：2020年 7 月 29 日。

② 网站见：http://www.caa.org.cn/index.php?m_id=53&me_id=167&ac_id=2940。访问日期：2020 年 7 月 29 日。

第 I 部分
人机混合智能系统自主性理论

第 2 章　人机混合智能系统基于空间和边界概念的自主性描述框架

本章摘要

　　作为一类新型的人机系统和新型的智能形式，人机混合智能系统的研究需要首先构建其独特的研究范式。为此目的，本章借助数学中空间和边界的概念，对人机混合智能系统的自主性进行概念性定义和形式化描述，旨在为相关领域的研究提供统一的语词和符号体系，进而构建其基本研究框架。

　　本章第 2.1 节从外部结果角度给出了人机混合智能系统的自主性空间和自主性边界的概念性定义，给出了相应的形式化描述，提供了对相关概念进一步定量化的研究基础；第 2.2 节进一步扩展了自主性空间和自主性边界的概念，介绍了绝对和相对自主性空间及其边界的概念性定义和形式化描述；最后，作为人机混合智能系统控制设计的基础，第 2.3 节讨论了人与机器的自主决策的联合形式表示，最终完成了对人机混合智能系统自主性的概念性架构。♡

2.1　人机混合智能系统的自主性及其边界

　　本节首先对智能和自主性做一般讨论，进而对人机混合智能系统中的两个重要概念，即自主性空间和自主性边界，给出概念性定义和形式化描述。

2.1.1　人机混合智能系统的智能与自主性的一般讨论

　　本小节首先探讨面向人机混合智能系统的智能分类和自主性的起源，然后介绍现有文献中对自主性概念的一些研究，为后续自主性空间和自主性边界的定义提供背景基础。

2.1.1.1　智能的分类和自主性的起源

　　对"智能"的研究有两个不同的源流，分别对应于自然的智能和人工的智能。前者属于心理学、脑科学、认知科学等领域的研究范畴，关注自然存在的人（包括动物）的感知、认知、推理等能力；后者则是自动化、计算机等领域关注的内容，目标是利用人的设计达到类似上述的智能能力，智能控制和人工智能等研究方向是后者的典型代表。对智能的研究有着悠久的历史积淀，其中也充满着大量的学术争议，以及学术理解与大众迷思之间的巨大反差。对一般意义上的人类自然"智能"感兴趣的读者，可以从大量相关的学术或科普书籍中了解关于诸如"一般智力因素（g factor）"、多元智能理论、智商与情商等的讨论[①]，对一般的人工"智能"感兴趣的读者，也可以从不同类型的或专业或科普的著作中了解其在自动化、人工智能等领域的发展[②]。在这里我们没有能力，同时也没有必要对相关领域进行详尽的讨论。

在本书中，我们使用一种与所关心的人机混合智能系统密切相关、对我们的讨论有益的方式，从人机混合智能系统的构成和影响的角度将智能分为三类，分类的标准在关注人与机器的区别之外，核心在于其中智能的不确定性。

定义 2.1　面向人机混合智能系统的智能分类

面向对人机混合智能系统中自主性讨论的需要，我们对智能做如下分类：

- 人的直觉智能：人的依赖直觉、难以通过严格推理描述的智能，比如，从很少的例子习得一般概念的能力、下围棋时对棋盘局势的把握、复杂情境下难以清晰解释但证明有效的决策，等等。
- AI 驱动的机器智能：以深度学习等 AI 技术所驱动的机器所带有的智能，由于深度学习自身的不确定性和难解释性，使得最终的感知和决策等智能带有极大的不确定性。
- 其他的确定性智能：本质上不影响人机混合智能系统的设计和运行的不确定性较少的智能，可以是人的，也可以是机器的，如人和机器的逻辑计算能力。

在上面的智能分类中，人的直觉智能难以把握，但在很多情景下是机器难以替代的；AI 驱动的机器智能是近几年引发对人类未来讨论的主要原因之一，但至少在可预见的未来，甚至长远上，都有着本质上的缺陷（见第 1.2.1 小节的讨论）；确定性的智能并非我们考虑的重点，因为它在人机混合智能系统中所起的作用更

---

① 人类"智能"相关著作的推荐：对一般心理学理论感兴趣的读者，可以读一下经典的心理学科普书，如菲利普·津巴多的《心理学与生活》、戴维·迈尔斯的《心理学》和《社会心理学》；人工智能先驱马文·明斯基（Marvin Minsky）在其《心智社会》中对心智提出了很多意义深远的讨论；关于特定的智能理论，霍华德·加德纳的《多元智能新视野》算是一家之言；如果对情商感兴趣，则不应该错过这一领域的开山之作，丹尼尔·戈尔曼的《情商》。

② 一般人工"智能"相关著作的推荐：中国科协最近出版的《智能控制：方法与应用》总结了自动化领域的智能方法和应用；Stuart J. Russell 的《人工智能：一种现代方法》是人工智能领域的扛鼎之作；Jeff Hawkins《人工智能的未来》、Pedro Domingos《终极算法》则提供了对人工智能未来的一些哲学思考，值得一看。

多是自动化的部分，不管这种能力的表现形式是机器的运转还是推理，由于其可解释的特点，是可以相信的，并不引发设计和分析新的困难。

一般而言，人机混合智能系统建立在确定性智能的基础上，试图充分利用人的直觉智能和 AI 驱动的机器智能，达到单独人或机器的智能难以取得的效果。这表现出了我们定义并区分不同智能的重要性：识别清楚确定性智能的部分，相对不需要太多关心；定义清楚直觉智能和机器智能，研究的核心便是这两种智能之间的协同合作。

人的直觉智能和 AI 驱动的机器智能各自的不确定性，自然地延伸出了对智能自主性的讨论。从逻辑上讲，如果智能是确定的，则可以在其确定的范围内安排使用它；只有在智能存在不确定性的时候，才无法确知智能应该在何种程度上起作用，这正是其自主性概念的来源，也是本书的关注核心。

2.1.1.2 文献中的智能和自主性

在此我们先列举文献中关于自主性概念的若干典型研究，以增进读者对自主性基本概念的理解，然后在下一小节给出面向人机混合智能系统的自主性概念性定义和形式化描述。

Abbass 等[51] 认为自主性是智能体在环境和自身限制下的一种决策自由：

Autonomy is the freedom to make decisions subject to, and sometimes in spite of, environmental constraints according to the internal laws and values that govern the autonomous agent.

Antsaklis[81] 认为自主是"自我管理"的同义词：

Autonomous means having the ability and authority for self-government. A system is autonomous regarding a set of goals, with respect to a set of measures of intervention (by humans or other systems).

Antsaklis[82] 更进一步指出自主系统本质上都是广义上的控制系统：

In any autonomous system, the system under consideration always has a set of goals to be achieved autonomously and control mechanisms to achieve them. This implies that every autonomous system is a control system.

Zilberstein[83] 承认并没有关于自主性的广为接受的定义，但仍然给出了一种主要从机器角度出发的解释：

There is no standard definition of autonomy in AI, but generally a system is considered autonomous if it can construct and execute a plan to achieve its assigned goals, without human intervention, even when it encounters unexpected events.

NASA 在其报告中对自主性强调了两个条件，即"自我导向"（self-directness）和"自给自足"（self-sufficient）[84]。Maartje M A de Graaf[85] 则认为，人对机器的自主行为的理解是在类比人的认知框架下进行的，因而机器自主性的类人解释也是重要的。

Kunze 等[86] 研究了"长期自主"（long-term autonomy, LTA）的概念：事实上，赋予一个系统短期的自主能力是简单的，这只需要设计在受控环境下的系统行为；长期自主困难的原因在于系统所在的环境，甚至系统自身都发生了变化，难以用一劳永逸的方式对系统进行设计，系统的自适应的、独立的决断变得重要。如果环境不变，长期自主也就成为鲁棒性的问题：

When a fully modelled robot is deployed in a completely known, static environment, the challenge of long-term autonomy (LTA) reduces to one of robustness, i.e., enabling the robot to remain operational for as long as possible.

2.1.2　人机混合智能系统的自主性空间

我们注意到上述关于自主性的解释大多从其内部能力出发，即将自主性定义为某种决策和行动的能力。这种定义是绝对的、普适的，但同时也是难以定量描述的。在本书中，面向人机混合智能系统这一特定对象，我们对自主性采用一种相对便于定量刻画的外部结果定义（定义 2.2），其核心内涵与如下的对自主系统的自主能力的定义[87] 是一致的，但我们的定义允许后文中对自主性及其衍生概念的形式化描述，对人机混合智能系统的系统自主性的定量化描述具有重要的价值：

...a perhaps more useful working definition of an autonomous system is that a system has high or low degree or level of autonomy regarding a goal. By high degree/level of autonomy it is meant that the degree/level of human intervention (or perhaps intervention by other engineered systems) is low, while by low degree/level of autonomy, a high degree/level of human intervention is implied.

定义 2.2　人机混合智能系统的自主性空间和自动化空间

人机混合智能系统中人和机器的自主性（决策）空间是指按照有益于人机混合智能系统共同目标为标准，人的直觉智能和 AI 驱动的机器智能可各自进行的决策和行动的范围。类似的，人机混合智能系统的自动化（决

策）空间是指按照有益于人机混合智能系统共同目标为标准，确定化智能所进行决策和行动的范围。 ♣

　　为了能够形式化地对自主性相关概念进行描述，我们记定义 2.2中所定义的人和机器的自主性空间和自动化空间分别为 $\mathcal{A}_h$, $\mathcal{A}_m$ 和 $\mathcal{A}_0$，人和机器的所有可能的自主决策（未必"有益"）所构成的空间为 Ω_h 和 Ω_m，确定化智能的所有可能自动化决策（未必"有益"）所构成的空间为 Ω_0。显然 $\mathcal{A}_h \subseteq \Omega_h$，$\mathcal{A}_m \subseteq \Omega_m$，$\mathcal{A}_0 \subseteq \Omega_0$。

　　容易理解，尝试形式化刻画定义2.2的关键难点在于对其中"有益"一词的形式化描述。为此，以 $J_{h,m}$ 记人机混合智能系统的目标函数[①]，首先构建如下的对自动化空间 $\mathcal{A}_0$ 的形式化描述：

$$\mathcal{A}_0 = \{a_0 | a_0 \in \Omega_0, J_{h,m}(a_0) \geqslant 0\} \tag{2.1}$$

也就是说，人机混合自主系统的自动化空间是所有的至少不引发系统性能变差的自动化决策的集合。这一理解与定义2.2是一致的，只是对"有益"一词进行了依赖目标函数的具体化。

　　为了刻画人和机器自主决策的"有益"，我们使用如下定义：

$$\Delta_{a_h} J_{h,m} := J_{h,m}(a_h) - J_{h,m}(a_0^*) \tag{2.2a}$$

$$\Delta_{a_m} J_{h,m} := J_{h,m}(a_m) - J_{h,m}(a_0^*) \tag{2.2b}$$

表示采用人（或机器）的自主决策 $a_h \in \mathcal{A}_h$（或 $a_m \in \mathcal{A}_m$）相对于最优自动化决策 $a_0^* \in \mathcal{A}_0$ [②]所带来的性能改变[③]。

　　利用式 (2.2)，人与机器的自主性空间 $\mathcal{A}_h$ 和 $\mathcal{A}_m$ 就可以形式化描述如下[④]：

$$\mathcal{A}_h = \{a_h | a_h \in \Omega_h, \Delta_{a_h} J_{h,m} \geqslant 0\} \tag{2.3a}$$

---

　　① 因为人机系统本身的随机特性，目标函数 $J_{h,m}$ 可能表现为期望收益的形式。期望收益是对未来的一种估计，它的计算决定于执行了假想（待评价）的决策后人机系统运行轨迹的预测；另一方面因为系统本身是概率的，所以轨迹也可能概率描述，这也就需要知道所有可能的分布。知道概率分布和每个实现下的预测轨迹，期望收益也就可以计算了。上述两个方面，预测轨迹比较复杂，反而容易知道，这决定了我们对系统动态的理解程度，可以事先下工夫；可能轨迹分布只是个概率，得到却不太容易，特别是在人机对抗环境中。

　　② 注意这里的最优自动化决策 a_0^*、人和机器的自主决策 a_h 和 a_m 都是人机混合智能系统在某一特定环境、状态和时间下的决策，只不过为了简化符号起见，未将这些依赖因素明确标出。这也同时解释了后文命题2.1中 a_0^* 集合的合理性。

　　③ 改变可能有差有好，但因为总可以将最优自动化决策 a_0^* 作为改变的基础，性能的提升也就总是可期待的，这也正是加入人和机器智能的目的所在。

　　④ 按最大化 $J_{h,m}$ 表示，也就是将 $J_{h,m}$ 理解为某种效益函数。如果将 $J_{h,m}$ 理解为成本函数，则优化目标将成为最小化 $J_{h,m}$，在这种情况下把式 (2.3) 中的 $\geqslant$ 替换为 $\leqslant$ 即可，不影响后文的讨论。不失一般性，在本书中我们均以最大化 $J_{h,m}$ 展开讨论。

$$\mathcal{A}_m = \{a_m | a_m \in \Omega_m, \Delta_{a_m} J_{h,m} \geq 0\} \tag{2.3b}$$

也就是说，在人机混合智能系统中，人的自主性空间是人的可以引发人机系统取得至少不差于人机系统自动运行的系统性能决策的集合，机器的自主性空间也类似定义。这里的关键是对定义 2.2 中"有益"一词按照式 (2.2) 所给出的定量刻画。这一形式化描述也与定义 2.2 中的概念性定义一致。

命题 2.1　人机混合智能系统自动化空间和自主性空间的性质

人机混合智能系统的自动化空间和自主性空间有如下性质：

$$\mathcal{A}_h \neq \emptyset \tag{2.4a}$$

$$\mathcal{A}_m \neq \emptyset \tag{2.4b}$$

$$\mathcal{A}_0 \cap \mathcal{A}_h = \mathcal{B}_0 \tag{2.4c}$$

$$\mathcal{A}_0 \cap \mathcal{A}_m = \mathcal{B}_0 \tag{2.4d}$$

$$\mathcal{A}_h \cap \mathcal{A}_m \supseteq \mathcal{B}_0 \tag{2.4e}$$

其中，$\mathcal{B}_0 := \{a_0^*\}$ 是所有最优自动化决策的集合。   ♠

证明： 对命题 2.1 可从定义出发给出如下的简短证明。

（1）式 (2.4a)：按照式 (2.3a) 中的定义，当 $\Delta_{a_h} J_{h,m} = 0$ 时，$a_h = a_0^*$，因而 $a_0^* \in \mathcal{A}_h$，即 $\mathcal{A}_h \neq \emptyset$。

（2）式 (2.4b)：推理同式 (2.4a)。

（3）式 (2.4c)：若 $\mathcal{A}_h$ 中还包含除了 a_0^* 外的自动化决策，设 $a_0' \in \mathcal{A}_h$，由 a_0^* 是最优自动化决策的事实可以推得 $\Delta_{a_0'} J_{h,m} \leq 0$。按照式 (2.3) 只有等号成立才能保证 a_0' 属于人的自主性空间 $\mathcal{A}_h$，而等号成立意味着 a_0' 也是最优自动化决策，因而 a_0' 与 a_0^* 是等价的最优自动化决策。

（4）式 (2.4d)：推理同式 (2.4c)。

（5）式 (2.4e)：由式 (2.4c) 和式 (2.4d) 易知 $\mathcal{A}_h \cap \mathcal{A}_m \supseteq \mathcal{B}_0$。不过，人和机器的自主性空间除了 a_0^* 之外，通常还有其他可能的交集，这也是造成人机之间协同复杂的本质原因之一。   □

例 2.1　人机混合驾驶中人与机器的自主性

在例 1.7 中，我们指出未来的自动驾驶很可能是某种形式的人机混合驾驶，而非完全的无人驾驶。在这一例子中，人的自主性空间 $\mathcal{A}_h$ 包含了绝大多数外部环境下的驾驶决策，但不包括前方突然出现障碍物等紧急情况和驾驶员自身疲劳导致注意力不集中（例 1.8）等情况；机器（自动驾驶系统）的自主性空间 $\mathscr{A}_m$ 包含了绝大多数外部环境满足一定条件（从而自动驾驶系统可有效感知周边环境）下的驾驶决策和某些紧急情况下的决策（利用了机器的实时反应能力），但不包括恶劣自然环境使得感知失效或存在电子攻击等情况下的决策。人与机器的自主性空间大多是重合的，但在各自特定的范围内则各有各的优势，这也是人机混合所可能带来更好综合效能的原因。 ◇

例 2.2　遥操作微创外科手术中人与机器的自主性

在例 1.11 中，我们讨论了人与达芬奇外科手术系统共同完成遥操作微创外科手术的人机系统的例子。在这一例子中，人的自主性空间 $\mathscr{A}_h$ 主要包括作为医学专家对如何进行微创手术所进行的决策，而机器（达芬奇外科手术系统）的自主性空间 $\mathscr{A}_m$ 则主要包括为了实现人的手术决策而进行的具体手术操作。可以看出，与例 2.1 不同，在本例中 $\mathscr{A}_h$ 与 $\mathscr{A}_m$ 并无太多交集，这也意味着从人机混合智能系统的角度来讲，其人机协作系统的设计会是较为简单的。 ◇

在上述讨论中我们将概念性的定义 2.2 在式 (2.1) 和式 (2.3) 中形式化了，这为后续的讨论提供了方便的语词体系。可以注意到，允许这一形式化描述的关键点在于定义 2.2 是面向人机混合智能系统的目标而定义的，而并不依赖难以定量描述的绝对能力；这凸显出了我们给出基于外部结果自主性的定义 2.2 的重要性。

2.1.3　人机混合智能系统的自主性边界

我们在第 2.1.2 小节给出了面向人机混合智能系统的自主性空间的概念性定义及其形式化描述。容易理解，一方面，从其几何解释出发，自主性空间可以由形成这个空间的边界来界定；另一方面，从计算的角度出发，在很多场景下边界可能要比空间容易定量刻画，或者至少提供了另外一种对空间进行定量化的方式；再者，边界在很多情况下也往往具有特殊的作用，比如极值问题的解往往都在边界上取得。从这些原因出发，有必要从自主性空间（定义 2.2）出发展开对自主性边界的研究。

首先给出如下的自主性边界定义。这一定义是自主性空间概念的自然延伸，后文的讨论表明这一概念有其必要性和重要性。

> **定义 2.3　人机混合智能系统的自主性边界**
>
> 　　人机混合智能系统的自主性边界是指按照有益于人机混合智能系统共同目标为标准，人的直觉智能和 AI 驱动的机器智能可各自进行的决策和行动的范围界限。
>
> 　　自主性边界由其下界和上界共同构成。所谓自主性下界，是指人或机器的智能不能对人机混合智能系统带来任何性能提升的自主性边界。所谓自主性上界，是指人或机器的智能能够对人机混合智能系统带来最大的性能提升的自主性边界。　　　　　　　　　　　　　　　　　　♣

　　记人（机器）的自主性边界、自主性下界和自主性上界分别记为 $\mathcal{B}_h$（$\mathcal{B}_m$）、$\underline{\mathcal{B}}_h$（$\underline{\mathcal{B}}_m$）和 $\bar{\mathcal{B}}_h$（$\bar{\mathcal{B}}_m$）。则从定义出发，我们知道自主性下界等同于最优自动化决策的集合（也可称为自动化边界）$\mathcal{B}_0$，也即

$$\underline{\mathcal{B}}_h = \{a_h | a_h \in \Omega_h, \Delta_{a_h} J_{h,m} = 0\} = \mathcal{B}_0 \tag{2.5a}$$

$$\underline{\mathcal{B}}_m = \{a_m | a_m \in \Omega_m, \Delta_{a_m} J_{h,m} = 0\} = \mathcal{B}_0 \tag{2.5b}$$

而自主性上界可以写为如下形式：

$$\bar{\mathcal{B}}_h = \{a_h^* | a_h^* = \arg \max_{a_h} \Delta_{a_h} J_{h,m}\} \tag{2.6a}$$

$$\bar{\mathcal{B}}_m = \{a_m^* | a_m^* = \arg \max_{a_m} \Delta_{a_m} J_{h,m}\} \tag{2.6b}$$

最后，自主性边界是自主性下界（即自动化边界）和自主性上界的并集：

$$\mathcal{B}_h = \mathcal{B}_0 \cup \bar{\mathcal{B}}_h \tag{2.7a}$$

$$\mathcal{B}_m = \mathcal{B}_0 \cup \bar{\mathcal{B}}_m \tag{2.7b}$$

　　我们借用拓扑学中关于点集的边界的符号 ∂，可以将自主性空间和自主性边界的关系形式化写为下式：

$$\mathcal{B}_h = \partial \mathcal{A}_h \tag{2.8a}$$

$$\mathcal{B}_m = \partial \mathcal{A}_m \tag{2.8b}$$

即，如果把自主性空间看作拓扑中的点集，则自主性边界与拓扑学中的边界概念是类同的。

　　容易认识到的是，在实际系统的设计和分析中，我们关心更多的是自主性的边界而非自主性本身，人机系统的自主性边界也往往是系统性能的边界，是考虑的重心。

例 2.3　人机混合驾驶中人与机器的自主性边界

在例 2.1 中，我们对人机混合驾驶中人和自动驾驶系统的自主性进行了讨论和界定。

接着前面的讨论，在该系统中人与机器具有共同的自主性下界，即汽车自身自动化运行的能力，人的自主性上界包括驾驶中出现了一定的意外情况但人在其能力范围内可以较好处理的情形，和恶劣天气下人仍能较好驾驶的情况，等等。类似的，机器的自主性上界包括一定环境下自动驾驶系统可有效驾驶和极端意外情况下自动驾驶系统接管人类驾驶的情况等。◇

例 2.4　遥操作微创外科手术中人与机器的自主性边界

在例 2.2 中，我们对人与达芬奇外科手术系统共同完成遥操作微创外科手术的人机系统中的自主性进行了讨论和界定。

接着前面的讨论，在该系统中人和机器的自主性下界大致包括达芬奇系统的自动化子系统所能完成任务的能力。人的自主性上界包括外科医生最为有效地完成手术的操作指令，而机器的自主性上界则包括达芬奇系统最为有效地完成手术的具体操作。◇

例 2.5　智能座舱中人与机器的自主性边界

在例 1.2 中，我们讨论了战斗机配备的智能座舱的功能：它在必要的情况下将飞行员弹射出舱以避免其损伤。

接着前面的讨论，在该系统中人和机器的自主性下界大致包括弹射系统进行弹射的自动化能力。人的自主性上界包括人的认知能够正确决定是否弹射和人的生理能力能够进行弹射的边缘，机器的自主性上界则决定于它对飞行员的状态的认识：飞行员可以操控且无须弹射而弹射，或者飞行员无法操控需要弹射而没有弹射，都是不允许的。◇

2.2　自主性空间和自主性边界的扩展

第 2.1 节给出了自主性空间及其边界的基本概念定义和形式化描述。本节探讨自主性空间及其边界的扩展，包括自主性绝对边界、相对空间及其边界等。

2.2.1　自主性绝对边界

定义 2.4　人机混合智能系统的自主性绝对边界

> 所谓人机混合智能系统的自主性绝对边界，是指人或机器与具体人机系统无关的自主性边界，或者说，对任意人机混合智能系统而言，跨过该边界将使得系统的目标受损。♣

沿用式 (2.5) 中的形式化描述，记人和机器的自主性绝对边界分别为 $\mathcal{B}_h^*$ 和 $\mathcal{B}_m^*$，则其形式化描述可写为

$$\mathcal{B}_h^* = \bigcap_{J_{h,m}} B_h \tag{2.9a}$$

$$\mathcal{B}_m^* = \bigcap_{J_{h,m}} B_m \tag{2.9b}$$

对机器而言，自主性的绝对边界包含了两种可能：一种是机器自身正常运行的界限，越过该界限机器自身无法正常工作；另一种是由人事先定义和约定的机器的最高自主性，即人不允许机器太过智能自主，特别是当机器的决策缺乏透明解释的情况下。

对人而言，自主性边界大多意味着认知能力的界限，超过这一界限使得人在人机系统中起到负面的作用，如人机混合驾驶中人太过疲劳影响驾驶则构成人的不可逾越的绝对边界。

例 2.6　一般深度学习算法的自主性绝对边界

> 可将上述对自主性空间和自主性边界的概念性定义和形式化描述用于分析一般深度学习算法的自主性。
>
> 比如，可以将深度学习算法的自主性定义为对其结果某种客观评价的信心，则其自主性空间包括了所有具有较好的信心的情形，而其边界则是对其结果的准确性不具有信心的情形。
>
> 容易理解，如果能对任意的深度学习算法给出上述自主性空间和自主性边界的描述，那么把深度学习算法应用于广泛的场景便没有本质的障碍。但可惜的是，上述的定量描述显然是难以获取的。我们会在第 4 章对这一问题进行详细的探讨。
>
> 注意上述对一般深度学习算法自主性的分析等同于对自主性空间和边界的分析，因为并未考虑具体人机系统的特点和背景。◇

2.2.2 自主性相对空间和相对边界

> **定义 2.5 自主性相对空间和相对边界**
>
> 人机混合智能系统中人（机器）的自主性相对空间，是指与具体人机系统相关、考虑了机器（人）的所有可能决策后的人（机器）仍能够提升系统性能的自主性决策的集合。
>
> 人机混合智能系统中人（机器）的自主性相对边界，是指与具体人机系统相关、考虑了机器（人）的所有可能决策后的人（机器）最大提升系统性能的自主性决策的集合。 ♣

为了形式化描述自主性的相对空间和相对边界，我们首先改造式 (2.2) 中对人和机器的自主决策"有益"的描述，使之可以按照定义 2.5 的要求描述人和机器的自主决策相对于对方的"有益"：

$$\Delta_{a_h}^{m} J_{h,m} := J_{h,m}(a_h) - J_{h,m}(a_m^*) \tag{2.10a}$$

$$\Delta_{a_m}^{h} J_{h,m} := J_{h,m}(a_m) - J_{h,m}(a_h^*) \tag{2.10b}$$

其中，a_m^* 和 a_h^* 分别表示不考虑人（机器）的决策时的机器（人）的最优决策。注意按定义 a_m^* 和 a_h^* 一定是不差于最优的自动化决策 a_0^*，从而，$\Delta_{a_h}^{m} J_{h,m}$ 和 $\Delta_{a_m}^{h} J_{h,m}$ 分别表示了在人机混合智能系统中自动化和机器智能（人的智能）已经最优配置后人的智能（机器智能）对系统目标的进一步提升，这与定义 2.5 的要求是一致的。

参照式 (2.5) 中对自主性边界的形式化描述并利用式 (2.10)，记人和机器的自主性相对空间分别为 $\mathcal{A}_h^{J_m}$ 和 $\mathcal{A}_m^{J_h}$，则其形式化描述为

$$\mathcal{A}_h^{J_m} = \{a_h | a_h \in \Omega_h, \Delta_{a_h}^{m} J_{h,m} \geqslant 0\} \tag{2.11a}$$

$$\mathcal{A}_m^{J_h} = \{a_m | a_m \in \Omega_m, \Delta_{a_m}^{h} J_{h,m} \geqslant 0\} \tag{2.11b}$$

类似于第 2.1.3 小节中对边界的上界和下界的定义，对自主性的相对边界我们同样可定义其相对上界和相对下界。但是注意到人与机器的自主性相对下界并无实际用处，它不过是对应的机器和人在不考虑对方时的最优决策。实际有价值的只是自主性相对上界，因此在不引发歧义的情况下，我们将自主性相对边界和自主性相对上界视为等同的概念。

参照式 (2.6)，可对人和机器的自主性相对边界 $\mathcal{B}_h^{J_m}$ 和 $\mathcal{B}_m^{J_h}$ 做如下的形式化描述：

$$\mathcal{B}_h^{J_m} = \{a_h^* | a_h^* = \arg\max_{a_h} \Delta_{a_h}^{m} J_{h,m}\} \tag{2.12a}$$

$$\mathcal{B}_m^{J_h} = \{a_m^* | a_m^* = \arg\max_{a_m} \Delta_{a_m}^{h} J_{h,m}\} \tag{2.12b}$$

例 2.7　人机混合驾驶中人与机器的自主性相对空间和相对边界

在例 2.1 和例 2.3 中，我们对人机混合驾驶中人和自动驾驶系统的自主性及其边界进行了讨论和界定。

接着前面的讨论，人在该系统中的自主性相对空间，是在自动驾驶系统按其最优方式驾驶时人仍可以提升驾驶水平的自主决策，比如，人在自动驾驶系统因为不断的车辆汇入而无法前行的情况下接管驾驶，其相对边界则指的是对人机混合驾驶系统提升最好的决策。

机器（自动驾驶系统）也同样有其自主性相对空间和相对边界，比如，自动驾驶系统可在理想高速路上接管人类驾驶，在保证安全的情况下保持更为平稳的驾驶。　　　　　　　　　　　　　　　　　　　　　　　　　　　◇

2.3　人与机器自主决策的联合形式表示

注意到前述所有自主性空间和自主性边界中所涉及的决策往往都写为单独人的决策或机器的决策的形式，但在人机混合智能系统中的所有决策都同时涉及人的智能、机器智能和机器自动化三个方面，是这三种决策的联合，决策的一般形式可写为 (a_h, a_m, a_0)，称之为决策的"联合形式"；相应的只标明单独的人或机器的决策的形式则称之为"简化形式"。

我们在表 2.1中列出了前述所涉及的所有自主性空间和自主性边界中的决策的简化形式和联合形式，以方便读者对照查询和理解。

表 2.1　人机混合智能系统中各种自主性决策的联合形式表示

决策情境 ＼ 形式	简化形式	联合形式
式 (2.1)：自动化空间	a_0	$(-, -, a_0)$
式 (2.3a)：人的自主性空间	a_h	$(a_h, -, a_0^*)$
式 (2.3b)：机器的自主性空间	a_m	$(-, a_m, a_0^*)$
式 (2.5a)：人的自主性下界	a_h	$(a_h, -, a_0^*)$
式 (2.5b)：机器的自主性下界	a_m	$(-, a_m, a_0^*)$
式 (2.6a)：人的自主性上界	a_h^*	$(a_h^*, -, a_0^*)$
式 (2.6b)：机器的自主性上界	a_m^*	$(-, a_m^*, a_0^*)$
式 (2.11a)：人的自主性相对空间	a_h	$(a_h, a_m^*(先), a_0^*)$
式 (2.11b)：机器的自主性相对空间	a_m	$(a_h^*(先), a_m, a_0^*)$
式 (2.12a)：人的自主性相对边界	a_h^*	$(a_h^*, a_m^*(先), a_0^*)$
式 (2.12b)：机器的自主性相对边界	a_m^*	$(a_h^*(先), a_m^*, a_0^*)$

注意在表中空缺决策以符号"–"表示，决策有先后的将先做出的决策以"（先）"符号表示。另外，因为在所有自主性决策中，自动化决策都取其最优

形式 a_0^*，因此我们在不引起歧义的情况下可将自动化决策省略，将联合形式的决策一般性的记为 (a_h, a_m)，今后不再做一一说明。

我们给出表 2.1中自主决策联合形式表示的目的，更重要的是为了方便第 3 章中对人机混合智能系统中的介入和共享设计策略的讨论。特别的，在第 3.1.2 小节中我们对联合形式的自主决策做了更为深入的讨论，这成为构建人机混合智能系统相关设计方法的基础。

注意在表 2.1中，所有决策都有某种先后顺序：① 自动化决策因为假定为不具有不确定性，其先后不影响整体的联合决策；② 空决策 "–" 是先做出的；③ 标记 "（先）" 符号的表示对应的人（或机器）的决策先做，而剩下的机器（或人）的决策后做。在第 3.1 节中我们会指出这是介入控制的基本特征，并基于此展开对不同介入控制方法的讨论。

2.4 本章小结

本章讨论了人机混合智能系统的自主性空间、自主性边界、绝对和相对边界、自主决策联合形式表示等重要问题，为人机混合智能系统的研究提供了基础框架。

已经指出，对于联合空间和联合边界在后文中将进一步作为讨论的关键展开研究，除此之外，仍有相当多的相关概念需要进一步加以讨论，比如，敌我对抗情况下的自主性空间和自主性边界，这里可能需要将博弈相关的概念加入进来；网络化人机混合智能系统的自主性讨论，包括多人多机、多个人机系统，甚至也在对抗环境下等情境。这些具有重要意义和价值的场景已经超出了本书的范畴，但我们希望会在后续的研究中对相关问题做进一步的阐述。

第 3 章   人机混合智能系统基于自主性联合空间和联合边界的设计框架

本章摘要

　　作为一类新型的人机系统，人机混合智能系统的设计和分析仍缺少基本的方法框架。基于第 2 章对该类系统自主性空间和自主性边界的概念性定义和形式化描述，和传统人机系统中的介入控制和共享控制基本方法，本章从一般意义上探讨人机混合智能系统的设计和分析方法，首次给出了面向该类系统的介入控制和共享控制的不同分类和各类别的形式化描述方法，为后续具体场景下人机混合智能系统的设计和分析提供了框架性的方法工具和总体指导。

　　本章第 3.1 节首先介绍人机混合智能系统的基本控制策略和分析框架，然后在第 3.2 节和第 3.3 节分别详述各种类型的介入控制和共享控制的使用场景和形式化描述。　　　　　　　　　　　　　　　　　　　　　　　♡

3.1   人机混合智能系统的基本控制策略和设计框架

　　本节首先介绍以介入控制和共享控制为代表的人机混合智能系统的基本控制策略，然后讨论以自主性联合空间和联合边界为基础的人机混合智能系统的基本设计框架。关于介入控制和共享控制研究现状的一般讨论，读者可参见第 1.3.2 小节。

3.1.1   人机混合智能系统的基本控制策略：介入控制和共享控制

　　本小节首先给出介入控制和共享控制的概念性定义，然后对两种控制方法的特点进行对比，最后讨论设计中的一般考虑因素。

3.1.1.1   介入控制和共享控制的概念性定义

　　在第 1.3.2 小节 中我们讨论了面向人机混合智能系统的介入控制和共享控制的基本概念和研究现状，其中特别讨论了 Abbink 等[55] 给出的对共享控制的概念性定义和相关设计原则。本书沿用 Abbink 等[55] 给出的共享控制定义，并转述为中文如下。

定义 3.1　共享控制[55]

在共享控制中,人和机器在感知-行动的环路中以平等协作的方式完成某一动态任务,这一动态任务是人或机器在理想环境都可以独立完成的。♣

Abbink 等[55] 并未给出介入控制的明确定义。参照上述共享控制的定义,我们给出介入控制的概念性定义如下。

定义 3.2　介入控制

在介入控制中,人和机器在感知-行动的环路中通过一方干预另一方的方式完成某一动态任务,这一动态任务是人或机器在理想环境都可以独立完成的。♣

从上述共享控制和介入控制的定义中,我们可以看出以下几点。

(1)"动态任务是人或机器在理想环境都可以独立完成的"是人机混合智能系统中的介入控制和共享控制的一个本质特点。这一特点一方面表示不管是人还是机器,在整个系统中所起到的作用都是另一方无法单独取代的,若非如此,便不存在"人机混合"了;另一方面,人与机器在整个系统中所能完成的任务,极大的与系统所处的环境相关:在理想环境下,二者都能够独立完成任务,而在非理想情况下,人和机器则各自具有各自的优势,因而需要二者的协同合作。也因为环境在其中的重要作用,部分研究会特别使用"人-机(器)-环(境)"的称呼作为强调。

(2)人机混合智能系统研究的是"某一动态任务",这与上述对环境的强调互相唱和:任务的动态性质意味着人机系统将暴露于外部环境中较长的时间,在这一发展演化过程中就难以保证人机系统所处的环境一直是理想的,而在非理想环境下人与机器在完成这一动态任务上各有优势,这便促成了人与机器的相互协作。

(3)人机混合智能系统考虑的是"动态任务"的"感知-行动的环路"。一方面,在这一环路中涉及了感知、决策、行动等不同能力,而人与机器在这些不同能力上各有优势,这成为考虑人机混合的重要原因。另一方面,人的加入使人机混合智能系统不同于大多数无人人工系统,这样,人机混合智能系统中人在"感知-行动的环路"的存在也就成为我们为何在第1.2.4小节中对"人在环上"和"人在环内"进行讨论的一个有力注解。

3.1.1.2　介入控制和共享控制的特点对比

从定义 3.1和定义 3.2中我们知道,共享控制和介入控制的本质区别在于人与机器的交互方式是"平等协作"还是"一方干预另一方"。这一交互方式的不同造成了采用这两种控制方式的人机混合智能系统在控制目标、系统结构、人机主次地位、人机相互影响、系统设计要求等各方面的不同，我们将这些不同的对比列为表 3.1。

表 3.1　介入控制与共享控制的特点对比

角度 ＼ 类别	介入控制	共享控制
控制目标	主要为了防止人机系统发生不可接受的后果，以系统的稳定和安全为主	主要为了系统性能的提升，以系统的优化为主
系统结构	一般只需要一方观测另一方的状态并决定介入时机，因而不需要人机之外的额外机制	可能需要高于人机的总的"决策机构"执行人机共享策略
主次地位	人机具有不同的地位，介入方比被介入方具有更高的地位，拥有更大的决策权	人与机器在地位上是平等的
相互影响	可以单向或双向。智能座舱的弹射，是机器介入人的单方面行为；人车共驾，则既可以人接管机器驾驶，也可机器接管人的驾驶	共享是人和机器的合作协同，并非简单一方对另一方的影响
设计要求	执行机制简单，但介入要求相对严格，因为介入失误则整个人机系统有失控风险	执行机制复杂，但设计要求相对柔性，因为其失误的后果多是优化不力而非系统毁损

在表 3.1 中的比较基础上，我们进一步指出以下几点。

（1）共享控制和介入控制可以同时存在于人机混合智能系统中。一般在正常运行时以共享控制为主，以优化系统性能；在极端情况下则由人或机器强制介入，避免失误和损失。

（2）共享控制无法由介入控制的叠加而得来，二者在本质上是不同的。

（3）在特定人机混合智能系统中是采取介入控制还是采取共享控制的决定因素，往往并不出于性能考虑，而是由系统的限制性因素所决定的，很多系统可能并不具备进行共享控制的条件。

另外，依照在第 1.2.4 小节中"人机混合智能系统中人的位置"的讨论，我们认为发生介入控制时系统结构是"人在环上"的，而发生共享控制时系统结构是"人在环内"的。因此，在后面第 3.2 节和第 3.3 节中对介入控制和共享控制进行详细讨论，和在后续几章对具体设计和分析方法的介绍中，我们也分别将其置于"人在环上"和"人在环内"的概念框架内。

3.1.1.3　介入控制和共享控制设计的一般考虑因素

将介入控制和共享控制在设计中需要考虑的一般性因素列为表 3.2，可作为具体控制设计的参考。

表 3.2　介入控制与共享控制设计的一般考虑因素

因素　　　　类别	介入控制	共享控制
设计目标	设计的总体目标为优化人机混合智能系统的共同目标函数 $J_{h,m}$，该目标函数可考虑系统性能、系统安全和稳定性和执行成本等多个因素	同介入控制
决策空间	由联合空间表示，但不同介入控制的具体表示不同	同介入控制
最优决策	在联合边界取得，但不同介入控制的具体表示不同	同介入控制
限制因素	介入决策和执行需要成本；介入过程可能会引发系统运行模式的切变，造成系统失稳；介入实际执行有不可避免的延时，可能造成无法跟踪快变动态	系统不提供执行共享控制的能力
介入时机	可依照系统智能程度或对人机赋权考虑在中间某点介入，或以优化系统性能为标准决定介入时机	不适用
执行成本	为了决定何时介入而不得不对另一方及人机系统整体状态进行监控	共享策略的生成和执行过程额外机构的加入
介入方式	确定和随机：一方可按照确定的时刻或状态触发介入，也可按某种不带触发因素的随机方式介入 过度和非过度：介入效果可以按照矫枉过正方式设计，也可以不这样做 急速和缓和：介入的时长可以很短，从而紧急接管；也可用某种缓和的方式，防止系统急速失稳	类似方式可做参照使用

3.1.2　人机混合智能系统的基本设计框架：自主性联合空间和联合边界

本小节首先给出自主性联合空间和联合边界的概念性定义，在此基础上进一步给出最优人机自主联合决策的形式化描述，这成为后续对介入控制和共享控制一般方法讨论的基础。

3.1.2.1　自主性联合空间和联合边界的概念性定义

第 2.3 节给出了自主性空间和自主性边界中决策的联合形式表示，这种联合形式表示的提出主要是为了强调，人机混合智能系统中的任何由人或机器做出的决策实际上都是由人的智能、机器智能和机器自动化三个方面的决策联合执行的。自主决策的联合形式可一般表示为 (a_h, a_m, a_0)，而由于在人的智能和机器智能参与的情况下，机器自动化往往一直会采取其最优形式 a_0^*，上述一般形式可简化表示为 (a_h, a_m)。

我们在此指出，第 2.3 节中的联合形式表示只是较其简化形式更为完整的表达形式，允许自主策略的提出仅考虑人的智能或机器智能之一（甚至只考虑自动化智能）。但不言自明的，在人机混合智能系统的实际策略设计中，不管是人的智能还是机器智能，都应该在允许的范围内做最大程度的考虑，因此策略设计本质上都是人机联合形式的。为此，我们进一步给出联合空间和联合边界的明确概念性定义如下。注意，如下的定义是作为策略设计的联合性，而第 2.3 节中的联合形式表示是作为决策表示的联合性，二者有本质的不同，但前者的实际表示自然仍要以后者为基础。

> **定义 3.3   自主性联合空间和联合边界**
>
> 　　人机混合智能系统中的自主性联合空间，是指与具体人机系统相关、以优化人机系统共同目标为标准、同时考虑人与机器的自主性所构成的自主性范围。
>
> 　　自主性联合边界是与具体人机系统相关、以优化人机系统共同目标为标准、同时考虑人与机器的自主性所构成的自主性范围的界限。

从定义 3.3 中可以看出，联合空间和联合边界的本质特征在于同时考虑人和机器的自主性决策，这是实际测量设计的基本要求，也意味着所有实际策略设计都应该与联合空间和联合边界密切相关。从这一点来讲，第 2 章所提出的各类自主性空间和自主性边界从策略设计的角度来讲都是为了联合空间和联合边界做准备，并不在实际设计中直接使用。

3.1.2.2   最优人机自主联合决策的形式化描述

依托定义 3.3 中对联合空间和联合边界的定义，我们能够给出最优人机自主决策的形式化描述。

分别以 $\mathcal{A}_{h,m}$ 和 $\mathcal{B}_{h,m}$ 表示自主性联合空间和联合边界，$a_{h,m}$ 和 $a_{h,m}^*$ 表示任一联合决策和最优决策。注意到在不引发歧义的情况下，我们在上述所有符号中都省略了时间符号 t，但从定义 3.1 和定义 3.2 我们可以明确知道，人机混合智能系统的动态任务及其控制策略显然是依赖时间的。

以 β_θ 表示某一介入或共享控制策略，其中 θ 表示当前的环境变量，则联合控制策略 $a_{h,m}(t)$ 可形式化为[64]

$$a_{h,m} = \beta_\theta(a_h, a_m), \quad a_h \in \mathcal{A}_h, a_m \in \mathcal{A}_m \tag{3.1}$$

其中，$\mathcal{A}_h$ 和 $\mathcal{A}_m$ 在第 2.1.2 小节中有定义，指的分别是人和机器的自主性空间[①]。式（3.1）意味着，人机联合控制策略是在人和机器分别的决策空间上经由介入或共享控制策略 β_θ 而产生的，与人和机器二者都直接相关。另外，按照定义 3.3，任何人机联合控制策略都应该属于自主性联合空间，即 $a_{h,m} \in \mathcal{A}_{h,m}$。

进一步，最优人机自主联合策略 $a_{h,m}^*$ 将最大化人机系统的目标函数 $J_{h,m}$，即

$$a_{h,m}^* = \arg \max_{a_{h,m} \in \mathcal{A}_{h,m}} J_{h,m}(a_{h,m}) \tag{3.2}$$

按照定义 3.3，最大化目标函数得到的最优人机自主联合策略在自主性联合空间的界限上，因此也就属于自主性联合边界，即 $a_{h,m}^* \in \mathcal{B}_{h,m}$。上述结论可写为如下定理。

定理 3.1　联合边界定理

人机混合智能系统的最优人机自主联合决策在其联合边界取得。　　　　♡

上述讨论给了我们如下启发：人机混合智能系统中的介入和共享控制的设计问题可使用联合空间的概念进行界定，而联合边界则进一步提供了求解方向。我们在第 3.2 节和第 3.3 节对此分别从介入控制和共享控制角度作进一步的讨论。

例 3.1　人机混合驾驶中的自主性联合空间和联合边界

在例 2.1、例 2.3 和例 2.7 中，我们对人机混合驾驶中人和自动驾驶系统的自主性空间及其边界和相对自主性空间及其边界进行了讨论和界定。

接着前面的讨论，以安全、快速到达目的地为人机混合驾驶系统的共同目标，则该系统的自主性联合空间和联合边界可形式化写为

$\mathcal{A}_{h,m} = \{(a_h = $人观察环境，可随时介入$, a_m = $机器全自主驾驶$)\}$

$\cup \{(a_h = $人全自主驾驶$, a_m = $机器观察环境，可随时介入$)\}$

$\cup \{(a_h = $人持续提供对机器的优化微调$, a_m = $机器自主驾驶$)\}$

$\cup \{(a_h = $人自主驾驶$, a_m = $机器持续提供对人的优化微调$)\}$

$\cup \{(a_h = $人持续输出驾驶决策$, a_m = $机器持续输出驾驶决策$)\}$

$\cup \{(a_h = \cdots, a_m = \cdots)\}$

$\mathcal{B}_{h,m} = \{(a_h = $人强制介入$, a_m = $机器驾驶出现危险$)\}$

$\cup \{(a_h = $人的驾驶出现危险$, a_m = $机器强制介入$)\}$

$\cup \{(a_h = $人微调机器驾驶达到最优$, a_m = $机器自主驾驶$)\}$

---

① 按照不同的介入和共享控制策略，$\mathcal{A}_h$ 和 $\mathcal{A}_m$ 的具体形式可能有所不同，见下文。

$\cup \{(a_h = 人自主驾驶, a_m = 机器微调人的驾驶达到最优)\}$

$\cup \{(a_h = 人提供其擅长的决策, a_m = 机器提供其擅长的决策)\}$

$\cup \{(a_h = \cdots, a_m = \cdots)\}$ ◇

3.2 人在环上：人机混合智能系统的介入控制

本节在联合空间和联合边界框架下形式化描述三种不同的介入控制方式，即机器单向介入、人的单向介入和人机双向介入（或称切换）。我们将在该框架下给出不同介入控制各自的最优人机联合决策形式，以方便具体人机混合智能系统的介入控制设计。

注意在介入控制的情况下，最终的联合控制策略是由人或机器单方决定的，因此式 (3.1) 的介入函数退化为以下的简单形式：

$$a_{h,m} = \beta_\theta(a_h, a_m) = (a_h, a_m), \quad a_h \in \mathcal{A}_h, a_m \in \mathcal{A}_m \tag{3.3}$$

而自主性联合空间也可由人和机器各自的自主性空间简单得到：

$$\mathcal{A}_{h,m} = \mathcal{A}_h \times \mathcal{A}_m \tag{3.4}$$

3.2.1 机器（单向）介入控制

考虑一类人机混合智能系统，其中系统在正常运行时由人的智能自主和机器的自动化共同起作用，而在特定条件下允许机器的智能强制剥夺人的自主性，以避免人在此时的自主控制所可能导致的严重后果。该类系统的人机控制策略设计是机器介入控制的典型应用场景。

记机器介入控制的人机混合智能系统的自主性联合空间为 $\mathcal{A}_{h,m}^{ta}$，该联合空间可形式化由下式得到：

$$\mathcal{A}_{h,m}^{ta} = \bar{\mathcal{B}}_h \times \mathcal{A}_m^{J_h} \tag{3.5}$$

也就是说，机器介入控制的人机混合智能系统的自主性联合空间由人的自主性绝对上界和机器的自主性相对空间共同构成。

进一步的，机器介入控制的人机混合智能系统的自主性联合边界则由人的自主性绝对上界和机器的自主性相对边界共同构成：

$$\mathcal{B}_{h,m}^{ta} = \bar{\mathcal{B}}_h \times \mathcal{B}_m^{J_h} \tag{3.6}$$

基于上述讨论，人机混合智能系统机器介入控制的最优人机自主联合控制策略可形式化为

$$a_{h,m}^{ta*} = (a_h^*(\text{先}), a_m^*) = (\arg\max_{a_h} \Delta_{a_h} J_{h,m}, \arg\max_{a_m} \Delta_{a_m}^h J_{h,m}) \tag{3.7}$$

例 3.2　人机混合驾驶中的机器介入控制

在例 3.1 中，我们对人机混合驾驶中的自主性联合空间和联合边界进行了讨论。

接着前面的讨论，以安全、快速到达目的地为人机混合驾驶系统的共同目标，按照式 (3.5)，在机器介入控制下该系统的自主性联合空间可形式化写为

$$\mathcal{A}_{h,m}^{ta} = \{a_h = \text{出现危险的人的驾驶决策}\}$$
$$\times \{a_m = \text{可提升现有人的驾驶效能的机器决策}\}$$

进一步的，按照式 (3.6)，在机器介入控制下该系统的自主性联合边界可形式化写为

$$\mathcal{B}_{h,m}^{ta} = \{a_h = \text{出现危险的人的驾驶决策}\}$$
$$\times \{a_m = \text{可最优提升现有人的驾驶效能的机器决策}\}$$

最后，按照式 (3.7)，在机器介入控制下该系统的最优人机自主联合控制策略可形式化写为

$$a_{h,m}^{ta*} = (a_h^*(\text{先}) = \text{人以最佳状态驾驶}, a_m^* = \text{机器适时强制介入}) \qquad \diamond$$

3.2.2　人的（单向）介入控制

考虑一类人机混合智能系统，其中系统在正常运行时由机器的智能自主和机器的自动化共同起作用，而在特定条件下允许人的智能强制剥夺机器的自主性，以避免机器在此时的自主控制可能导致的严重后果。该类系统的人机控制策略设计是人的介入控制的典型应用场景。

记人的介入控制的人机混合智能系统的自主性联合空间为 $\mathcal{A}_{h,m}^{tb}$，该联合空间可形式化由下式得到：

$$\mathcal{A}_{h,m}^{tb} = \mathcal{A}_h^{J_m} \times \bar{\mathcal{B}}_m \tag{3.8}$$

也就是说，人的介入控制的人机混合智能系统的自主性联合空间由人的自主性相对空间和机器的自主性绝对上界共同构成。

进一步的，人的介入控制的人机混合智能系统的自主性联合边界由人的自主性相对边界和机器的自主性绝对上界共同构成：

$$\mathcal{B}_{h,m}^{tb} = \mathcal{B}_h^{J_m} \times \bar{\mathcal{B}}_m \tag{3.9}$$

基于上述讨论，人机混合智能系统的人的介入控制的最优人机自主联合控制策略可形式化为

$$a_{h,m}^{tb*} = (a_h^*, a_m^*(先)) = (\arg\max_{a_h} \Delta_{a_h}^m J_{h,m}, \arg\max_{a_m} \Delta_{a_m} J_{h,m}) \tag{3.10}$$

例 3.3　人机混合驾驶中的人的介入控制

在例 3.1 中，我们对人机混合驾驶中的自主性联合空间和联合边界进行了讨论。

接着前面的讨论，以安全、快速到达目的地为人机混合驾驶系统的共同目标，按照式 (3.8)，在人的介入控制下该系统的自主性联合空间可形式化为

$$\mathcal{A}_{h,m}^{tb} = \{a_h = 可提升现有机器驾驶效能的人的决策\}$$
$$\times \{a_m = 出现危险的机器驾驶决策\}$$

进一步的，按照式 (3.9)，在人的介入控制下该系统的自主性联合边界可形式化为

$$\mathcal{B}_{h,m}^{tb} = \{a_h = 可最优提升现有机器驾驶效能的人的决策\}$$
$$\times \{a_m = 出现危险的机器驾驶决策\}$$

最后，按照式 (3.10)，在人的介入控制下该系统的最优人机自主联合控制策略可形式化为

$$a_{h,m}^{tb*} = (a_h^* = 人适时强制介入, a_m^*(先) = 机器以最佳状态驾驶)$$

　　　　　　　　　　　　　　　　　　　　　　　　　　　　　　　　　　◇

3.2.3　人机切换（双向介入）控制

在某些人机混合智能系统中，人和机器均可介入对方。也就是说，系统在正常运行时由人的智能、机器智能和机器自动化共同起作用，而在特定条件下既允许人的智能强制剥夺机器的自主性，又允许机器智能强制剥夺人的自主性，以避免在此时不管是人还是机器的自主性所可能导致的严重后果，并且上述的人或机

器做强制剥夺的特定条件不相交，因此人的介入和机器介入可以分别考虑。该类系统的人机控制策略设计是人机切换（双向介入）的典型应用场景。

记人机切换的人机混合智能系统的自主性联合空间为 $\mathcal{A}_{h,m}^{tc}$，该联合空间可形式化由下式得到：

$$\mathcal{A}_{h,m}^{tc} = \mathcal{A}_h^{J_m} \times \mathcal{A}_m^{J_h} \tag{3.11}$$

也就是说，人机切换的人机混合智能系统的自主性联合空间由人的自主性相对空间和机器的自主性相对空间共同构成。

进一步的，人机切换的人机混合智能系统的自主性联合边界由人的自主性相对边界和机器的自主性相对边界共同构成：

$$\mathcal{B}_{h,m}^{tc} = \mathcal{B}_h^{J_m} \times \mathcal{B}_m^{J_h} \tag{3.12}$$

基于上述讨论，人机混合智能系统的人机切换控制的最优人机自主联合控制策略可形式化为

$$a_{h,m}^{tc*} = (a_h^*(后), a_m^*(后)) = (\arg\max_{a_h} \Delta_{a_h}^m J_{h,m}, \arg\max_{a_m} \Delta_{a_m}^h J_{h,m}) \tag{3.13}$$

容易看到，机器介入和人的介入所引发的最优人机自主联合决策是不同的，即 $a_{h,m}^{ia*} \neq a_{h,m}^{ib*}$。并且人机切换的最优人机自主联合控制策略优于单独人的介入或机器介入的最优联合决策：

$$J_{h,m}(a_{h,m}^{tc*}) \geqslant \max\{J_{h,m}(a_{h,m}^{ta*}), J_{h,m}(a_{h,m}^{tb*})\} \tag{3.14}$$

例 3.4　人机混合驾驶中的人机切换控制

在例 3.1 中，我们对人机混合驾驶中的自主性联合空间和联合边界进行了讨论。

接着前面的讨论，以安全、快速到达目的地为人机混合驾驶系统的共同目标，按照式 (3.11)，在人机切换控制下该系统的自主性联合空间可形式化为

$$\mathcal{A}_{h,m}^{tc} = \{a_h = 可提升现有机器驾驶效能的人的决策\}$$
$$\times \{a_m = 可提升现有人的驾驶效能的机器决策\}$$

进一步的，按照式 (3.12)，在人机切换控制下该系统的自主性联合边界可形式化为

$$\mathcal{B}_{h,m}^{tc} = \{a_h = 可最优提升现有机器驾驶效能的人的决策\}$$

$$\times \{a_m = 可最优提升现有人的驾驶效能的机器决策\}$$

最后，按照式 (3.13)，在人机切换控制下该系统的最优人机自主联合控制策略可形式化为

$$a_{h,m}^{tc*} = (a_h^*(后) = 人提供自身最优决策并保持对机器适时强制介入,$$
$$a_m^*(后) = 机器提供自身最优决策并保持对人适时强制介入) \qquad \diamond$$

3.3　人在环内：人机系统中人与机器的共享控制

本节在联合空间和联合边界的框架下考虑基本形式和扩展形式的人机混合智能系统的共享控制策略。与介入控制不同，共享控制的控制函数 β_θ 不再具有简单的形式，自主性联合空间也不再必然能够分别由人和机器的自主性空间得到。但这正表明了共享控制在性能上可能优于介入控制的原因：更为广阔的自主性联合空间和更一般的共享控制函数使得我们在优化人机混合智能系统的目标函数 $J_{h,m}$ 时更为有利。如下基本形式和扩展形式的共享控制的区别也在于后者的自主性联合空间更为一般。

3.3.1　基本共享控制

在某些人机混合智能系统中，允许人的自主性和机器的自主性进行某种形式的协调，并且系统总体目标的最优值可能并不在人或机器单独的最优点取得，因此由人和机器各自的自主进一步驱动一种整体形式的共享的自主决策具有强于介入控制的优势。这类系统的人机控制策略设计是基本共享控制的典型应用场景。

记基本共享控制人机混合智能系统的自主性联合空间为 $\mathcal{A}_{h,m}^{sa}$，该联合空间可形式化由下式得到：

$$\mathcal{A}_{h,m}^{sa} = \mathcal{A}_h \times \mathcal{A}_m \qquad (3.15)$$

也就是说，基本共享控制的人机混合智能系统的自主性联合空间由人的自主性空间和机器的自主性空间共同构成。注意到该自主性联合空间包含所有介入控制的自主性联合空间为其子空间，从而给予基本共享控制设计上更大的自由度。

进一步的，基本共享控制人机混合智能系统的最优人机自主联合控制策略可形式化写为

$$a_{h,m}^{sa*} = \arg \max_{(a_h,a_m) \in \mathcal{A}_{h,m}^{sa}} J_{h,m}(a_{h,m}^{sa}) \qquad (3.16)$$

其中，人机联合决策 $a_{h,m}^{sa}$ 表示为

$$a_{h,m}^{sa} = \beta_\theta(a_h, a_m),\ a_h \in \mathcal{A}_h, a_m \in \mathcal{A}_m \tag{3.17}$$

　　注意与介入控制不同，我们仍可以写出基本共享控制人机混合智能系统的最优人机自主联合控制策略的形式化描述，但并不能事先给出基本共享控制联合边界的形式化描述。

　　容易看出，基本共享控制的最优人机自主联合控制策略优于所有的介入控制，即

$$J_{h,m}(a_{h,m}^{sa*}) \geqslant J_{h,m}(a_{h,m}^{ic*}) \geqslant \max\{J_{h,m}(a_{h,m}^{ia*}), J_{h,m}(a_{h,m}^{ia*})\} \tag{3.18}$$

例 3.5　人机混合驾驶中的基本共享控制

　　在例 3.1 中，我们对人机混合驾驶中的自主性联合空间和联合边界进行了讨论。

　　接着前面的讨论，以安全、快速到达目的地为人机混合驾驶系统的共同目标，按照式 (3.15)，在基本共享控制下该系统的自主性联合空间可形式化为

$$\mathcal{A}_{h,m}^{sa} = \{a_h = 人的有效驾驶决策\} \times \{a_m = 机器的有效驾驶决策\}$$

　　而式 (3.16) 中基本共享控制的最优人机自主联合控制策略的确定依赖于式 (3.17) 中人机联合决策对人机共同目标的优化。　　　　　　　　　　　　　◇

3.3.2　扩展共享控制

　　在基本共享控制中，人和机器的决策范围限于其自身的自主性空间。如果我们考虑人与机器更为密切的交流，并且允许人与机器可同时使用对方的自主性空间，则在各自扩展的自主性空间内人机混合智能系统的总体目标可能得到进一步的优化。

　　记基本共享控制的人机混合智能系统的自主性联合空间为 $\mathcal{A}_{h,m}^{sa}$，该联合空间可形式化由下式得到[①]：

$$\mathcal{A}_{h,m}^{sb} = \mathrm{span}(\mathcal{A}_h, \mathcal{A}_m) \times \mathrm{span}(\mathcal{A}_h, \mathcal{A}_m) \tag{3.19}$$

---

① $\mathcal{A}_{h,m}^{sb}$ 也可能具有更为广泛的形式，即 $\mathcal{A}_{h,m}^{sa} = \Omega_h \times \Omega_m$。这一形式意味着在共享控制下，有些未必比自动化决策更优的自主决策也可能在联合形式下取得更优的总体效果。尽管我们并不能排除这一可能性，但可以相信的是，这类情形的出现是较少的，因此在本书中我们并不特别考虑这一可能性。

也就是说，在扩展共享控制中，人和机器都可从由二者的自主性空间所张成的空间中取值，从而赋予了二者更大的设计自由度。

进一步的，扩展共享控制的人机混合智能系统的最优人机自主联合控制策略可形式化为

$$a_{h,m}^{sb*} = \arg \max_{(a_h,a_m)\in\mathcal{A}_{h,m}^{sb}} J_{h,m}(a_{h,m}^{sa}) \tag{3.20}$$

其中，人机联合决策 $a_{h,m}^{sb}$ 表示为

$$a_{h,m}^{sb} = \beta_\theta(a_h, a_m),\ a_h, a_m \in \mathrm{span}(\mathcal{A}_h, \mathcal{A}_m) \tag{3.21}$$

容易看出，共享控制的最优人机自主联合控制策略优于所有其他类型的人机控制，即

$$J_{h,m}(a_{h,m}^{sb*}) \geqslant J_{h,m}(a_{h,m}^{sa*}) \geqslant J_{h,m}(a_{h,m}^{ic*}) \geqslant \max\{J_{h,m}(a_{h,m}^{ia*}), J_{h,m}(a_{h,m}^{ia*})\} \tag{3.22}$$

例 3.6 人机混合驾驶中的扩展共享控制

在例 3.1 中，我们对人机混合驾驶中的自主性联合空间和联合边界进行了讨论。

接着前面的讨论，以安全、快速到达目的地为人机混合驾驶系统的共同目标，按照式 (3.19)，在扩展共享控制下该系统的自主性联合空间可形式化为

$$\mathcal{A}_{h,m}^{sb} = \{a_h = 人机可能的驾驶决策\} \times \{a_m = 人机可能的驾驶决策\}$$

而式 (3.16) 中扩展共享控制的最优人机自主联合控制策略的确定与基本共享控制的情形并无本质区别，只是对最优策略的搜索需要在更为广阔的自主性联合空间 $\mathcal{A}_{h,m}^{sb}$ 中进行。 ◇

3.4 本章小结

本章给出了人机混合智能系统的基于介入控制和共享控制的基本设计分析框架。本章的讨论主要的是概念性和形式化的，"人在环上"的介入控制和"人在环内"的共享控制的具体应用和实例可进一步参考后面的章节。

第 4 章 自主性边界：深度学习不确定性的定量刻画

本章摘要

第 2 章指出，人机混合智能系统的概念框架以人和机器的自主性空间和自主性边界为基础，而自主性边界的定量刻画是其中的关键。在定义 2.1对智能的分类中，我们知道机器智能及其自主性以深度学习驱动的人工智能技术为其核心。在此统一框架下，本章试图探讨深度学习算法不确定性的定量刻画问题，以期为人机混合智能系统中机器的自主性边界提供定量界定方法。

本章第 4.1 节首先探讨深度学习不确定性定量刻画的必要性，指出贝叶斯方法是达到这一目标的主要方法；然后在第 4.2 节具体介绍了基于贝叶斯模型刻画深度学习不确定性的几种代表性方法，包括 probabilistic back-propagation 方法、Bayes by backprop 方法和 MC-dropout 方法；最后，第 4.3 节进一步举例介绍了上述不确定性刻画在强化学习领域如促进深入探索和动态避障等方面的具体应用。

♡

4.1 面向人机混合智能系统的深度学习不确定性的定量刻画

在定义 2.1中我们面向人机混合智能系统，将智能分为三类，即人的智能、AI 赋能的机器智能和确定性智能，并指出人机混合智能系统设计的核心在于如何在人的智能和机器智能之间进行协同，而其中的关键难点在于各自智能所具有的不确定性。进一步地，在定义 2.2和定义 2.3中我们将人与机器的智能中的不确定性与自主性的概念联系起来，给出了人机混合智能系统的人和机器的自主性空间和自主性边界的概念性定义，连同后续对自主性空间和边界的形式化描述，提供了对人机混合智能系统完整的概念性描述框架。在这一描述框架中，如何对人和机器的自主性进行定量刻画是首要问题。

在例 2.6 中我们指出可将自主性空间和自主性边界的概念性定义和形式化描

述用于分析一般深度学习算法的自主性，但这种分析手段主要是概念性的。为了定量刻画人机混合智能系统中机器智能的自主性，或在某种较不严格但有用的等价意义下，深度学习算法的不确定性，需要找寻更为有效的定量方法。

完成上述目标的一个主要挑战是深度学习自身的难解释性：算法通过一种非结构化的方式对大量数据的训练习得神经网络的参数，但对参数为何如此和给定输入所给出的预测输出的特性缺乏描述。因此，使用经典的深度学习算法，我们只可以得到算法给出的输出，而对这一输出的可信程度难以明了。

应对这一挑战的一个主要方法是基于贝叶斯思想的方法，这也是本章讨论的重点。在贝叶斯框架下，深度学习中的不确定性可分为两类[48]：偶然不确定性和模型不确定性。偶然不确定性是指存在于数据中的不确定性，主要来源于观测中固有的噪声，一般是由于测量工具的精度限制及数据采集和读取等过程中的噪声而产生的误差。模型不确定性是指模型本身造成的不确定性，也称为参数不确定性或认知不确定性，具体又可分为两种：一是结构不确定性，即存在大量可能的模型能够解释给定的数据，但不确定应该使用哪一种模型结构；二是解释观测数据最佳模型参数的不确定性，即在选定模型后不确定选择哪些具体的参数进行学习和预测。偶然不确定性和认知不确定性可以导致预测不确定性，即模型置信度。两种不确定性在是否可以减小方面存在区别：对于偶然不确定性，由于其本质上来源于数据测量、收集等过程中的误差，而误差总是客观存在的，因此即使收集更多的数据，也不能使其减小；对于认知不确定性，给定更多数据可以使不同的模型结构或者不同的模型参数间的性能更容易出现差异，从而帮助模型的选择及改进，同时也就减少了认知不确定性。

将贝叶斯方法应用到神经网络得益于 Geoffrey E Hinton[88] 在哈密顿蒙特卡洛方法（Hamiltonian Monte Carlo, HMC）方面的开创性工作，该工作使得马尔可夫链蒙特卡洛方法（Markov chain Monte Carlo, MCMC）一度成为神经网络推理的标准方法。为了扩展 HMC 框架，Chen 等[89] 引入了随机梯度哈密顿蒙特卡洛方法（stochastic gradient Hamiltonian Monte Carlo, SGHMC），通过在贝叶斯推理中使用随机梯度，提升了 HMC 方法的可扩展性和泛化能力。作为一种理论方法，SGHMC 要求在无穷小步长下从后验中渐近采样，这在实践中会引入近似误差。总的来说，MCMC 需要通过大量样本近似分母的积分，计算量较大，对于具有大数据集和大量参数的现代神经网络来说是难以计算的。在神经网络中，MCMC 推理的一种替代方法是 Mackay[90] 提出的拉普拉斯近似（Laplace approximation）。然而，拉普拉斯近似需要计算对数似然的海森矩阵的逆，这在大型网络中是不可行的。

不同于上述蒙特卡洛方法，Graves[91] 提出了一种神经网络的可伸缩变分推理（variational inference, VI）方法，该方法最大化了神经网络边际似然的下界。这个下界的计算要求在高斯近似分解下精确计算后验分子的对数的期望，这在一般情况下是难以处理的，针对这一问题，Graves[91] 提出了一个蒙特卡洛近似来计算下界，然后使用随机梯度下降（stochastic gradient descent, SGD）的第二个近似来优化下界。

在本章后续两节，我们将对基于贝叶斯模型刻画深度学习不确定性的几种代表性方法及其在强化学习中的应用做概括性的介绍。

4.2 基于贝叶斯模型刻画深度学习不确定性的几种代表性方法

本节介绍三种近年来较为成功的基于贝叶斯模型刻画深度学习不确定性的方法，即 probabilistic backpropagation、Bayes by backprop 和 MC-dropout。

4.2.1 Probabilistic backpropagation 方法

在期望传播[92]（expectation propagation）基础上，Hernández-Lobato 等[93] 提出了一种可以替代反向传播算法的概率方法，称为概率反向传播（probabilistic backpropagation, PBP）。概率反向传播对网络中的权重不使用点估计，而是使用了一组一维高斯函数近似不同权重的边缘后验分布。与反向传播类似，概率反向传播也包含两个阶段。在第一阶段，输入数据通过网络前向传播。然而，由于权重现在是随机的，每一层的输出也是随机的和难以计算的分布。概率反向传播用一组一维高斯函数来依次近似这些分布，这些高斯函数的均值和方差与它们的边缘分布相同。在这一阶段结束时，概率反向传播计算的不是预测误差，而是目标变量边缘概率的对数。在第二阶段，这个对数关于近似高斯后验的均值和方差的梯度被反向传播，就像经典的反向传播一样。这些梯度最后被用来更新后验近似的均值和方差。

在介绍概率反向传播之前，我们需要了解一下概率神经网络模型。给定由 D 维特征向量 $x_n \in R^D$ 和相对应的目标变量 $y_n \in R$ 所构成的数据集 $\mathcal{D} = \{x_n, y_n\}_{n=1}^N$，其中 $y_n \in R$ 可由 $y_n = f(x_n; W) + \epsilon_n$ 得到，$f(\cdot; W)$ 表示权重为 W 的多层神经网络的输出，神经网络的评估被附加的噪声变量 ϵ_n 所破坏，并且 $\epsilon_n \sim N(0, \gamma^{-1})$。神经网络共有 L 层，V_l 是第 l 层的节点数，$W = \{W_l\}_{l=1}^L$ 表示全连接层的权重矩阵 $V_l \times (V_{l-1} + 1)$ 的集合，符号 "+1" 表示包含了每一层的偏置量 (bias)。令 y 表示目标为 y_n 的 N 维向量，X 表示特征向量 x_n 的 $N \times D$ 矩阵，则关于网络权重 W、噪声精度 γ 及数据集 $\mathcal{D} = (X, y)$ 的似然为

$$p(y|W, X, \gamma) = \prod_{n=1}^N N(y_n | f(x_n; W), \gamma^{-1}) \tag{4.1}$$

对于概率模型，需要为 W 中每个权重矩阵中的每个元素指定一个高斯先验分布：

$$p(W|\gamma) = \prod_{l=1}^{L} \prod_{i=1}^{V_l} \prod_{j=1}^{V_{l-1}+1} N(\omega_{i,j,l}|0, \lambda^{-1}) \tag{4.2}$$

其中，λ 是一个精度参数，其先验分布服从 $p(\lambda) = \text{Gam}(\lambda|\alpha_0^\lambda, \beta_0^\lambda)$。另外，噪声精度 γ 的先验分布为 $p(\gamma) = \text{Gam}(\gamma|\alpha_0^\gamma, \beta_0^\gamma)$。

根据贝叶斯规则，可得到参数 W、γ、λ 的后验分布如下：

$$p(W, \gamma, \lambda|D) = \frac{p(y|W, X, \gamma)p(W|\gamma)p(\lambda)p(\gamma)}{p(y|X)} \tag{4.3}$$

其中，$p(y|X)$ 是归一化常数。给定一个新的输入向量 x_*，可得到预测输出 y_* 的分布为

$$p(y_*|x_*, D) = \int p(y_*|x_*, W, \gamma)p(w, \gamma, \lambda)\mathrm{d}\gamma\mathrm{d}\lambda\mathrm{d}W \tag{4.4}$$

其中，$p(y_*|x_*, W, \gamma) = N(y_*|f(x_*), \gamma)$。然而，大多数情况下，$p(W, \gamma, \lambda|D)$ 和 $p(y_*|x_*)$ 是难以计算的，因此，在实际应用中，必须采用近似推理方法。

概率反向传播所使用的更新规则并不是经典的反向传播算法所用的在损失函数梯度方向上更新这一标准步骤。相反，它利用了高斯分布的如下性质：让 $f(w)$ 为给定数据的单个突触权值 w 编码一个任意的似然函数，则当前关于标量 w 的信念可表示为分布 $q(w) = N(w|m, v)$。观察到数据后，关于 w 的信念可由贝叶斯规则更新：

$$s(w) = Z^{-1}f(w)N(w|m, v) \tag{4.5}$$

其中，Z 是归一化常数；$s(w)$ 通常有一个复杂的形式，为简单起见，通常用与其具有相同形式的分布 q 来近似。一般使用高斯分布 $q^{\text{new}}(w) = N(w|m^{\text{new}}, v^{\text{new}})$，通过最小化 s 与 q^{new} 间的 KL 散度（Kullback-Leibler divergence），可得到 m^{new} 和 v^{new} 的更新规则如下：

$$m^{\text{new}} = m + v\frac{\partial \log Z}{\partial m} \tag{4.6}$$

$$v^{\text{new}} = v - v^2[(\frac{\partial \log Z}{\partial m})^2 - 2\frac{\partial \log Z}{\partial v}] \tag{4.7}$$

这一更新规则保证了 q^{new} 与 s 两个分布拥有相同的均值和方差。

概率反向传播是一种式 (4.3) 中近似神经网络的精确后验的推理方法, 其因子分布为

$$q(W, \gamma, \lambda) = \left[\prod_{l=1}^{L} \prod_{i=1}^{V_l} \prod_{j=1}^{V_{l-1}+1} N(\omega_{ij,l}|m_{ij,l}, v_{ij,l}) \times \text{Gam}(\gamma|\alpha^\gamma, \beta^\gamma) \text{Gam}(\lambda)|\alpha^\lambda, \beta^\lambda \right] \quad (4.8)$$

概率反向传播遍历式 (4.3) 分式中分子的因子, 并依次将这些因子合并到式 (4.8) 的近似中。首先是将式 (4.2) 中的先验因素合并到 q 中, $m_{ij,l}$、$v_{ij,k}$ 的更新遵循式 (4.6) 和式 (4.7)。α^λ 与 β^λ 的更新如下:

$$\alpha^\lambda_{\text{new}} = [ZZ_2Z_1^{-2}(\alpha^\lambda + 1)/\alpha^\lambda - 1.0]^{-1} \quad (4.9)$$

$$\beta^\lambda_{\text{new}} = [Z_2Z_1^{-1}(\alpha^\lambda + 1)/\beta^\lambda - Z_1Z^{-1}\alpha^\lambda/\beta^\lambda]^{-1} \quad (4.10)$$

其中, Z 是 s 的标准化因子, Z_1 和 Z_2 分别是 q 中的参数 α^λ 增加一个和两个单位时的标准化因子。在此基础上, Z 可由下式近似:

$$Z \approx N(m_{ij,l}|0, \beta^\lambda/(\alpha^\lambda - 1) + v_{ij,l}) \quad (4.11)$$

由 Z 得到相关的 Z_1、Z_2 和 $\log Z$ 后, 代入式 (4.6)、式 (4.7)、式 (4.9)、式 (4.10) 可得到 q 的新的参数值。

将式 (4.1) 中似然因素考虑到 q 中, 与之前类似, $m_{ij,l}$、$v_{ij,k}$ 的更新遵循式 (4.6) 和式 (4.7), α^γ 与 β^γ 的更新遵循式 (4.9) 式 (4.10)。在 $z_L = f(x_i|W) \sim N(m^{z_L}, v^{z_L})$ 等假设下, Z 可由下式近似:

$$Z \approx N(y_n|m^{z_L}, \beta^\gamma/(\alpha^\lambda - 1) + v^{z_L}) \quad (4.12)$$

在概率反向传播的实现中, 需要注意一个关键的细节, 即在第一次将式 (4.2) 中的因素考虑进去之后, 需要对式 (4.8) 中的每个均值参数 $m_{ij,l}$ 施加轻微的扰动, 使其由原来的零值变为 $\epsilon_{ij,l}$, $\epsilon_{ij,l} \sim N(0, 1/(V_l + 1))$。这类似于神经网络中权值的随机初始化, 通常在使用反向传播学习之前完成。

4.2.2 Bayes by backprop 方法

由 Google DeepMind 提出的 Bayes by backprop[94] 是一种高效且与反向传播兼容的学习神经网络权值概率分布的算法。普通前馈神经网络容易出现过拟合, 当应用于监督学习或强化学习问题时, 这些网络也常常不能正确评估训练数据中的不确定性, 从而对正确的类别、预测或动作做出过于自信的决定。Bayes by backprop 通过使用变分贝叶斯学习在网络权重上引入不确定性来解决这两个问题, 神经网络的权重由可能的值的概率分布表示, 而不是单个固定的值。该方法不是训练单

个网络，而是训练一个网络集合，其中每个网络的权值来自一个共享的、已学习的概率分布。与其他集成方法不同的是，该方法通常只将参数的数目增加一倍，并使用梯度的无偏蒙特卡洛估计来训练无限的集成。

给定训练数据后，神经网络的贝叶斯推理计算权值的后验分布 $P(w|D)$，对于新数据 x_*，通过求取关于此分布的期望给出预测：

$$P(y_*|x_*) = E_{P(w|D)}[P(y_*|x_*, w)] \tag{4.13}$$

在权值的后验分布下求期望等价于使用无穷多个神经网络的集合，这对于任何实用的神经网络都是难以处理的。变分法通过引入 $q(w|\theta)$ 来近似 $P(w|D)$，并通过最小化二者间的 KL 散度寻找最优参数 θ：

$$
\begin{aligned}
\theta^* &= \arg\min_\theta \mathrm{KL}[q(w|\theta)||P(w|D)] \\
&= \arg\min_\theta \int q(w|\theta) \log \frac{q(w|\theta)}{P(w)P(D|w)} \mathrm{d}w \\
&= \arg\min_\theta \mathrm{KL}[q(w|\theta)||P(W)] - \mathrm{E}_{q(w|\theta)}[\log P(D|w)]
\end{aligned}
$$

此损失函数一般称为变分自由能（variational free energy）或者期望下界（expected lower bound），记作：

$$F(D|\theta) = \mathrm{KL}[q(w|\theta)||P(w)] - \mathrm{E}_{q(w|\theta)}[\log P(D|w)] \tag{4.14}$$

通过蒙特卡洛估计对其近似：

$$F(D, \theta) \approx \sum_{i=1}^{n} \log q(w^{(i)}|\theta) - \log P(w^{(i)}) - \log P(D|w^{(i)}) \tag{4.15}$$

假设变分后验是对角高斯分布，那么权重 w 的采样可先从标准正态分布采样，再平移均值 μ 并乘上标准差 σ 得到。为使标准差 σ 非负，将其重新参数化为 $\sigma = \log(1 + e^\rho)$，所以变分参数为 $\theta = (\mu, \rho)$。具体的优化过程如算法 4.1 所示。

算法 4.1　基于 Bayes by backprop 的神经网络权重的变分参数更新过程

1: 采样得到 ϵ，$\epsilon \sim N(0, I)$

2: 令权重 $w = \mu + \log(1 + e^\rho) \circ \epsilon$

3: 令参数 $\theta = (\mu, \rho)$

4: 令 $f(w, \theta) = \log q(w|\theta) - \log P(w)P(D|w)$

5: 计算关于均值的梯度：$\Delta_\mu = \frac{\partial f(w,\theta)}{\partial w} + \frac{\partial f(w,\theta)}{\partial \mu}$

6: 计算关于标准差参数 ρ 的梯度：$\Delta_\rho = \frac{\partial f(w,\theta)}{\partial w} \frac{\epsilon}{1+e^{-\rho}} + \frac{\partial f(w,\theta)}{\partial \rho}$

7: 更新变分参数：$\mu \leftarrow \mu - \alpha\Delta_\mu, \rho \leftarrow \rho - \alpha\Delta_\rho$

4.2.3　MC dropout 方法

Gal 等[49] 提出的 Monte-Carlo dropout 方法，简称 MC dropout，是一种从贝叶斯理论出发的 dropout[95] 理解方式。Dropout 是一种广泛使用的避免神经网络过度拟合的方法，该方法在训练神经网络时将某一层（非输出层）的单元以预先设定的概率随机丢弃一部分。因此，使用 dropout 训练的是从原始网络中随机去掉一些单元后形成的子网络。丢弃神经网络中某些单元的过程并不需要额外构建出与之对应的网络结构，而是仅仅将该被丢弃的单元的输出乘 0。从另一个角度理解，可将单元丢弃看作是对特征的一种再采样，实质上相当于创造了许多新的随机样本，通过增大样本量、减少特征量来防止过拟合。传统 dropout 只是为了避免神经网络过拟合，也可看作是一种集成（ensemble）方法，但应用了 dropout 模型其输出仍然是确定的，并不包含任何不确定性信息。不过，Gal 等[49] 证明了如果 dropout 在测试期间被激活，则可以将 dropout 解释为深度高斯过程的贝叶斯近似，这称为 MC dropout。使用 MC dropout 不需要修改现有的神经网络模型，只需要神经网络模型中带 dropout 层。在训练的时候，MC dropout 的表现形式和标准 dropout 没有什么区别，按照正常模型训练方式训练即可。不同点在于测试时，在前向传播过程中，神经网络的 dropout 是不能关闭的。MC dropout 的蒙特卡洛方法体现在需要对同一个输入进行多次前向传播过程，同时在 dropout 的作用下可以得到"不同网络结构"的输出，对这些输出计算统计平均值和统计方差，即可得到模型的预测结果及不确定度。

令 $\widehat{y}$ 表示一个 L 层神经网络的输出，损失函数 $E(\cdot, \cdot)$ 为 softmax 损失或者平方损失。对第 $i = 1, 2, \cdots, L$ 层，将其 $K_i \times K_{i-1}$ 维权重矩阵记作 W_i，K_i 维偏置向量记作 b_i。将输入 $x_i (i = 1, 2, \cdots, N)$ 及其对应的输出 y_i 记作集合 X, Y。对神经网络优化添加一个 L_2 正则化项，权重衰减系数为 λ，则损失函数为

$$\mathcal{L}_{\text{dropout}} := \frac{1}{N} \sum_{i=1}^{N} E(y_i, \widehat{y_i}) + \lambda \sum_{i=1}^{L} (\|W_i\|_2^2 + \|b\|_2^2) \tag{4.16}$$

令权重的先验分布为 $p(w) \sim N(0, 1/l^2)$，深度高斯模型的预测概率分布为

$$p(y|x, X, Y) = \int p(y|x, w) p(w|X, Y) \mathrm{d}w \tag{4.17}$$

$$p(y|x, w) = N(y; \widehat{y}(x, w), \tau^{-1} I_D) \tag{4.18}$$

在贝叶斯深度学习中，通常用近似后验 $q(w)$ 来替代难以处理的真实后验 $p(w|X, Y)$，损失函数为两个分布间的 KL 散度：

$$- \int q(w) \log p(Y|X, w) \mathrm{d}w + \mathrm{KL}(q(w)\|p(w)) \tag{4.19}$$

将第一项重新写为累加形式：

$$-\sum_{n=1}^{N} \int q(w) \log p(y_n|x_n, w) \mathrm{d}w \tag{4.20}$$

并通过对 $\widehat{w}_n \sim q(w)$ 的蒙特卡洛积分得到无偏估计 $-\log p(y_n|x_n, \widehat{w}_n)$ 来近似式（4.19）中的每一项。对于第二项，当 λ、l、τ 和 dropout 概率 p 等有关量满足：

$$\tau = \frac{pl^2}{2N\lambda} \tag{4.21}$$

时，可近似为 $\sum_{i=1}^{L} \left(\frac{p_i l^2}{2} ||M_i||_2^2 + \frac{l^2}{2} ||m_i||_2^2 \right)$。然后将整个式子乘以常数 $1/N\tau$ 得到：

$$\mathcal{L}_{\text{GP-MC}} \propto \frac{1}{N} \sum_{n=1}^{N} \frac{-\log p(y_n|x_n, \widehat{w}_n)}{\tau} + \sum_{i=1}^{L} \left(\frac{p_i l^2}{2\tau N} ||M_i||_2^2 + \frac{l^2}{2\tau N} ||m_i||_2^2 \right) \tag{4.22}$$

再令损失函数 $E(y_n, \widehat{y}(x_n, \widehat{w}_n)) = -\log p(y_n|x_n, \widehat{w}_n)/\tau$，则优化 $L_{\text{GP-MC}}$ 等价于优化 L_{dropout}，即实现了使用 dropout 的普通神经网络等价于贝叶斯神经网络，因此可以从中获得模型的不确定性。

对于新数据 x^*，近似的预测分布通过下式得到：

$$q(y^*|x^*) = \int p(y^*|x^*, w) q(w) \mathrm{d}w \tag{4.23}$$

在预测时仍然使用 dropout，并将前向传播进行 T 次，就可以用下列两式来近似得到预测输出的均值和方差：

$$\mathrm{E}_{q(y^*|x^*)}(y^*) \approx \frac{1}{T} \sum_{t=1}^{T} \widehat{y}^*(x^*, W_1^t, \cdots, W_L^t) \tag{4.24}$$

$$\mathrm{Var}_{q(y^*|x^*)}(y^*) \approx \tau^{-1} I_D + \frac{1}{T} \sum_{t=1}^{T} \widehat{y}^*(x^*, W_1^t, \cdots, W_L^t)^{\mathrm{T}} \widehat{y}^*(x^*, W_1^t, \cdots, W_L^t) \tag{4.25}$$

$$- \mathrm{E}_{q(y^*|x^*)}(y^*)^{\mathrm{T}} \mathrm{E}_{q(y^*|x^*)}(y^*) \tag{4.26}$$

4.3　模型不确定性在强化学习中的应用

模型不确定性在强化学习中具有重要的作用。在强化学习中，代理从不同的状态获得不同的奖励，其目标是随着时间的推移使其期望奖励最大化。代理试图学习如何避免过渡到低回报的状态，并选择那些能带来更多奖励的行动。许多强化学习算法假设训练时已知完整的状态和环境信息，这往往严重限制了应用到实际环境中的可行性。但是在模型训练过程中，如果对于未知的状态、环境等可以得到不确定性信息，那么代理就可以更好地决定什么时候利用已知的奖励，什么时候探索未知的环境。

强化学习的近期研究中出现了通过量化模型不确定性来对高不确定性区域的探索进行指导从而加快训练速度的方法。本节对模型不确定性在强化学习中高效探索和动态避障两方面的应用进行介绍，以增加读者对不确定性量化重要性的感性认识。

4.3.1　通过量化模型不确定性促进深入探索

在强化学习中，代理需要采取一系列的行动来最大化累积奖励，当代理并不完全了解环境时，是采取已知的收益最大的行动，还是冒着收益降低的风险去探索未知的状态和行动，就是常见的"探索"与"利用"的平衡问题。如何进行深入探索[96] 一直是强化学习领域的重大挑战，已有的研究为此提供了多种有效的方法，但其中大多数是为具有较小状态空间的马尔可夫决策过程设计的，在复杂环境中并不适用。因此，目前大规模的强化学习应用依赖于低效的统计探索策略[97]，甚至完全不进行探索。

Osband 等[98] 将自助（bootstrapping）方法应用于深度 Q-learning 网络（deep Q-learning network, DQN）中，利用随机初始化的自助方法以较低的计算代价对神经网络进行合理的不确定性估计，再利用这些不确定性估计进行有效探索。自助法是一种再抽样增广样本的统计方法，利用有限的样本数据经由多次重复抽样，通过样本分布近似总体分布。假设已有的样本大小为 N，在原样本中有放回的抽样，抽取 N 次，将这 N 个样本数据形成一个新的样本。重复上述抽样过程 B 次，便可得到 B 个自助样本，通过这些样本就可以计算出样本的一个分布。

自助 DQN（bootstrapped DQN）是一种高效且可扩展的方法，用于从大型深度神经网络生成自助样本。其中的网络架构是一个包括 K 个独立的自助首部网络的共享架构，每个首部网络只在其数据的自助子样本上训练，共享网络学习所有数据的联合特征表示，这样的网络架构具有显著的计算优势，但代价是首部网络之间的多样性较低。如此实现的自助可以在一个单一的前/后向传播中得到有效的训练；它也可以被认为是一个数据相关的 dropout，其中每个首部网络的 dropout 掩码对于每个数据点都是固定的。

将从状态 s 出发，采取行动 a 后再使用策略 π 带来的累计奖赏定义为

$$Q^{\pi}(s, a) := \mathrm{E}_{s,a,\pi}\left[\sum_{t=1}^{\infty} \gamma^t r_t\right] \tag{4.27}$$

其中，$\gamma \in (0,1)$ 是折扣系数。最优值记作 $Q^*(s,a) := \max_\pi Q^\pi(s,a)$，并使用神经网络进行估计。在 Q-learning 中，已知 t 时刻状态 s_t、行动 a_t、奖赏 r_t 和下一时刻的状态 s_{t+1}，网络参数更新为

$$\theta_{t+1} \leftarrow \theta_t + \alpha(y_t^Q - Q(s_t, a_t; \theta_t)) \nabla_\theta Q(s_t, a_t; \theta_t) \tag{4.28}$$

其中，α 是学习率，y_t^Q 是目标值 $r_t + \gamma \max_a Q(s_{t+1}, a; \theta^-)$，$\theta^-$ 是目标网络参数，且 $\theta^- = \theta^t$。自助 DQN 改进 DQN，利用自助法近似 Q 值的分布。在每一幕 (episode) 开始时，自助 DQN 从 Q 值的近似后验中进行一次采样。然后，代理在整个幕期间遵循对该样本最优的策略。具体实现时使用 K 个子网络分别训练从原始样本中通过自助法采样得到的样本数据，从而产生 K 个值函数 $Q_1, \cdots, Q_K$，每幕开始时等概率地从中选取一个并使用。

4.3.2　通过量化模型不确定性实现动态避障

在安全性至关重要的应用（如避免碰撞周围的行人）中，存在分布偏移的情况，强化学习模型对此能够给出可靠的预测尤为重要，而对于未知的环境给出不确定性估计才能有效地躲避障碍[99]。在目前的研究中，通过度量模型的不确定性可以辨别出训练数据分布之外的未知数据。Lotjens 等[100] 提出了基于不确定性估计的动态避障算法，将 MC dropout 和 bootstrapping 应用于强化学习，使代理可以获得对未知测试数据的不确定性估计，从而在未知环境中采取更安全的行动。通过将这些方法应用到安全强化学习框架中，可以在行人周围形成具有不确定性感知的导航，从而制定一个避免碰撞的策略来应对未知的情况，并谨慎避免具有异常行为的行人。

该动态避障算法通过进行不确定性估计来谨慎地避免在新颖观测下的动态障碍。代理观测到障碍物的位置和速度后，一组 LSTM 网络可预测出一组运动元的碰撞概率，其中使用 MC dropout 和 bootstrapping 来获取这些预测的分布。从这些预测中，为每个运动元计算样本均值 $\mathrm{E}(P_{\mathrm{coll}})$ 和方差 $\mathrm{Var}(P_{\mathrm{coll}})$。并行地，用一个简单的模型计算出每个评估的运动元达到目标的时间 t_{goal}。在下一阶段，选择最小损失运动元 u^* 并在环境中执行，然后从环境获得下一个观测，并且在结束时返回碰撞标签。在一组观测之后，调整网络权重 W，训练过程继续进行。

每个运动元的碰撞概率由一组 LSTM 网络集合来预测[101]，每个网络的前向传递 i 返回评估的运动元的碰撞概率：

$$P_{\mathrm{coll}}^i = P^i(\mathbf{1}_{\mathrm{coll}} = 1 | o_{t-l:t-1}, o_t, u_{t-l:t-1}, u_{t:t+h}) \tag{4.29}$$

其中，$\mathbf{1}_{\mathrm{coll}}$ 是碰撞标签，$o_{t-l:t-1}$ 是过去 l 个时间步的历史观测，o_t 是当前观察，$u_{t-l:t-1}$ 是过去的一系列行动，$u_{t:t+h}$ 是长度为 h 的待评估的运动元。强化学习

代理在部分可观测的环境中运行，只能观测行人的位置、速度和半径，观测结果还包含强化学习代理与目标的相对位置。运动元 $u_{t:t+h}$ 是一组预先计算的运动元 U 的元素。无论长度如何，都将在一个时间步长内获取最佳运动元，直到再次查询网络。

模型预测控制器以最小的联合代价选择最安全的运动元：

$$u^*_{t:t+h} = \arg\min_{u \in U}(\lambda_v \operatorname{Var}_N(P^i_{\text{coll}}) + \lambda_c \operatorname{E}_N(P^i_{\text{coll}}) + \lambda_g t_{\text{goal}}) \tag{4.30}$$

模型预测控制器考虑了概率的二阶矩，从而选择更加安全的行动。式中的每个损失项都有各自的系数 λ，设置时应选择合适的 λ_g 和 λ_c 使得碰撞代价 $\lambda_c \operatorname{E}_N(P^i_{\text{coll}})$ 大于时间代价 $\lambda_g t_{\text{goal}}$。在训练过程中，过度避免不确定性会阻碍模型的探索，使其很难找到最佳策略。另外，在预测过程中对多个前向传递进行平均会降低整体的多样性，从而进一步阻碍探索性行动。所以 λ_v 开始应比较小，使模型在早期训练阶段朝着模型不确定性高的方向有效地探索，以克服这种影响。

4.4 本章小结

立足于人机混合智能系统中机器自主性边界的定量刻画问题，本章介绍了基于贝叶斯模型的深度学习不确定性刻画的代表性方法，并探讨了这些刻画方法在强化学习特定领域中的应用。贝叶斯方法本质上将神经网络的权重和输出看作概率分布而非单点估计，可以自然的定量表示模型的不确定性，是刻画深度学习不确定性的主流方法。但其直接计算的高昂计算代价意味着近似模拟是求解该问题的必由之路，在这一方面仍值得大量的研究与探索。

第 5 章　自主性边界：不同场景下的
典型判定及应用

本章摘要

在本书所建立的人机混合智能系统的自主性理论框架中，能够对自主性边界进行有效判定是该理论框架从概念性描述走向定量实用的关键步骤。为此，在第 4 章中我们已经讨论了作为机器智能底层驱动的深度学习技术不确定性的刻画，在本章中，我们进一步把对自主性边界判定的讨论扩展到不同人机混合智能系统的典型场景下，以期为读者提供自主性边界判定的一般性方法框架。

本章包含了自主性边界判定的三种典型场景，前两种在介入控制框架下：第 5.1.1 小节介绍利用自主性边界判定优化机器对人的最小干预的"机器介入人"典型场景，第 5.1.2 小节介绍利用自主性边界判定优化强化学习算法的"人介入机器"典型场景；后一种则在共享控制框架下：第 5.2 节介绍利用自主性边界优化基于仲裁机制的"人机共享控制"典型场景。　♡

5.1　介入控制下的自主性边界典型判定及应用

本节介绍机器介入人和人介入机器两种不同介入控制下自主性边界的判定和相关优化决策方法，其中第 5.1.1 小节在机器介入人框架下利用自主性边界的判定优化机器对人的最小干预，第 5.1.2 小节在人介入机器框架下利用自主性边界的判定优化强化学习算法。

5.1.1　机器介入人：利用自主性边界的判定优化机器对人的最小干预

基于第 3.2.1 小节，本节在机器介入人场景下讨论自主性边界判定方法，并将获得的边界信息应用于机器最小干预问题的优化求解中。首先介绍机器介入人场景下人的自主性上界的判断方法，然后介绍一类机器主要以辅助人类完成工作的机器最小干预问题及其建模办法，最后结合上界判断方法给出所提问题的优化方法。

5.1.1.1 机器介入人场景下人的自主性上界判定

在某些人机协作场景中，人一旦超出了所被允许的自主性边界，将会引发严重的后果，在这种情况下，允许机器智能的强制性介入，甚至临时剥夺人的自主性，成为可行的人机协作策略。比如各种以安全性为目标的驾驶辅助系统，在人分心驾驶或遇到人无法处理的紧急情况时，允许驾驶辅助系统的强制接管可避免潜在的危险。显而易见，在这类策略的设计中，核心问题是如何准确判定人是否超出了所被允许的自主性边界。这一边界可能是事先可以确定的，在这种情况下自主性边界判定和人机协作策略设计是解耦的，从而，尽管自主性边界的判定有其自身的困难，但介入策略的设计在本质上是简单明了的；然而在更多实际情况下，自主性边界本身是随着系统演化而变化的，在这种情况下自主性边界判定和人机协作策略设计是强耦合的，这也成为机器介入策略设计的本质难点所在。

上述自主性边界判定和人机协作策略设计强耦合场景下，人在 t 时刻自主性边界的判定可以形式化表示为在满足系统状态 $s(t)$ 和被控对象的约束条件 $C(s(t), a_h(t))$ 下，寻找使得人机系统共同目标 $J_{h,m}(s(t), a_h(t))$ 最差（这与系统本身的优化目标正好相反）的人的行动 $b_h(t)$：

$$b_h(t) = \arg \min_{a_h(t) \in \mathscr{A}_h} J_{h,m}(s(t), a_h(t)) \tag{5.1a}$$

$$\text{s. t. } C(s(t), a_h(t)) < 0 \tag{5.1b}$$

特别注意在式 (5.1a) 中，为了求得人的自主性边界而最大化或最小化目标函数的行为与人机系统本身的最大化或最小化目标函数的行为正好相反，这符合自主性边界的含义：边界是那些容许的但会使目标函数最差的行动的集合。

上述对人的自主性边界判定的讨论可写为算法 5.1。

算法 5.1 机器介入人场景下人的自主性边界判定

初始化： 初始化人的自主性上界 $\bar{B}_h = \{b_h(t)\}$。

输出： 人的自主性上界 $b_h(t)$。

1: **重复**
2:     输入：人类行为 $a_h(t)$。
3:     根据约束条件式 (5.1b) 对当前时刻的人类行为进行筛选。
4:     将满足约束条件的人类输入与第 2 步中的上界信息进行目标函数的比较，如果 $J_{h,m}(s(t), a_h(t)) < J_{h,m}(s(t), b_h(t))$，则 $b_h(t) = a_h(t)$，以获得更优的人的上界；否则人的自主性上界保持不变。
5: **直至训练结束**

在算法 5.1 中，人的自主性上界的初始化可根据被控对象及当前已有可用信息获得，类似于神经网络中的随机初始化可作为无其他先验信息时的解决办法（利用随机搜集到的经验样本轨迹等办法）。在系统运行过程中，算法基于约束条件对人类输入行为进行判断，之后利用初始化的人的上界信息对满足约束的人类输入进行比较，目的是找到使得目标函数式 (5.1a) 更优时对应的人类输入行为（如上所述，以最大化目标函数为例，因此考虑找到约束范围内最小目标函数对应的行为），并将它更新为当前时刻与系统状态对应的人的自主性上界，重复进行下去直至训练结束。

5.1.1.2　保证安全性的机器最小干预问题

考虑一类机器主要以辅助人类完成其目标而存在的人机系统[58, 102, 103]，典型的例子如帮助实现人体机能的机械装置（例 1.1 中霍金的轮椅）、汽车驾驶中的车道保持辅助驾驶系统[104] 等。在这类人机系统的运行中，大多数时刻以人的控制输入作为人机系统的输入，但在人的输入明显违背某些关键指标如系统安全性时[105, 106]，机器辅助系统需要及时介入以保证整体人机系统运行的最优状态。可以注意到的是，因为人在这类系统中的中心位置，机器辅助系统在进行介入从而修正人的输入的时候，应该符合某种所谓的"最小干预原则"[102, 106]，也就是说，机器的最优修正应以尽可能不违背人的决策初衷为基本标准。在正式给出优化问题的标准模型之前，首先定义优化目标函数的形式如下：

$$J^c(s(t), a(t)) = \sum_{t=t_0}^{t_0+T} c(s(t), a(t)) \tag{5.2}$$

其中，$J^c(s(t), a(t))$ 表示 $[t_0, t_0 + T)$ 期间的累积代价。

将上述问题形式化描述为如下的优化问题：

$$\min_{a(t) \in \mathbb{A}_s^\epsilon(a_h(t))} J^c(s(t), a(t)) \tag{5.3a}$$

$$\text{s. t. } \dot{s}(t) = f(s(t), a(t)) \tag{5.3b}$$

其中，$s(t)$ 和 $a(t)$ 是人机系统的状态和控制输入，f 是系统运行的非线性系统动力学描述函数。进一步的，通过定义人机系统在当前状态 $s(t)$ 下在滚动时域 T 内允许的保证安全性和可行性的动作集合 $\mathbb{A}_s^T$，在时刻 t 人机系统的允许动作集合 $\mathbb{A}_s^\epsilon(a_h(t))$（也是上述优化问题的优化域）定义为 $\mathbb{A}_s$ 中以当前人的输入 $a_h(t)$ 为圆心的 ϵ 邻域，即

$$\mathbb{A}_s^\epsilon(a_h(t)) = \{a(t) \|a(t) - a_h(t)\| \leqslant \epsilon, a(t) \in \mathbb{A}_s^T, t \in [t_0, t_0 + T)\} \tag{5.3c}$$

其中，ϵ 的值应根据具体系统特性而定。

5.1.1.3 利用人的自主性上界优化基于模型预测的最小干预控制方法

有了上述关于人的自主性上界的判定方法，针对机器介入系统下的机器最小干预问题，可定义人机共同目标函数如下：

$$J_{h,m}(s(t), a_h(t)) = J^c(s(t), a(t)) \tag{5.4}$$

算法步骤如算法 5.2所示，注意人的自主性上界 $\bar{B}_h$ 可根据具体被控对象中人类行为的输入空间给出初步定义。ξ 表示机器代理按照某一概率分布（如均匀分布 $U^{M \times N}$，其中 M 是输入行为 $a(t)$ 的维数，N 是样本数）采样的一组机器行为。

算法 5.2 模型预测最小干预控制的优化算法

初始化： 初始化人的自主性上界 $\bar{B}_h = \{b_h(t)\}$；机器控制动作的采样：$\xi \sim U^{M \times N}$；
数据集 store。

输出： 当前时刻的决策行为 $a(t)$，和此时人的自主性上界 $b_h(t)$。

1: **重复**
2:    输入：人类行为 $a_h(t)$。
3:    根据优化问题式 (5.3) 中的安全约束条件，对初始化采样得到的机器行为 ξ 进行筛选，并将满足安全约束的机器行为 $\xi(i)$ 存入数据集 store 中。
4:    由初始化的人的自主性上界信息和式 (5.4) 对人类输入行为进行判断。如果 $J_{h,m}(s(t), a_h(t)) \leqslant J_{h,m}(s(t), b_h(t))$，代表人类输入满足边界条件，则人类输入保持不变；如果 $J_{h,m}(s(t), a_h(t)) > J_{h,m}(s(t), b_h(t))$，代表人类输入超越了边界条件，因此使用 $b_h(t)$ 覆盖 $a_h(t)$。
5:    根据式 (5.3a) 和式 (5.3c) 找到 store 中最接近人类输入 a_h 的行为 $\xi(i)$，作为将要被执行的动作 $a(t)$。
6:    根据式 (5.4) 找到 store 中距离 $a_h(t)$ 最远的行为 $\xi(i)$，用以更新当前时刻人的自主性上界 $b_h(t)$。
7: **直至训练结束**

算法 5.2是在解决优化问题（5.3）的通用流行办法的基础上，融入自主性边界信息（由于这里涉及"机器的最小干预"，主体决策者是人，因此考虑人的自主性边界），实现关于此类决策问题的进一步优化。算法中关于人的自主性上界的初始化如算法 5.1所述。算法的优化目标有两个：① 与决策行为直接相关的策略；② 间接影响决策行为的人的自主性边界。在系统的动态演化过程中，将人的自主性上界信息用在步骤 4 中，基于人机共同目标函数式 (5.4)，比较人的输入行为 $a_h(t)$ 和当前时刻人的自主性上界分别对应的目标函数的大小，从而在机器最小干预之前，预先对人的输入行为进行判断。随后，为了实现机器的最小干预，考

虑从步骤 3 中得到的满足约束条件的机器行为中找到最接近人类输入行为的机器行为 $\xi(i)$，作为即将被执行的动作 $a(t)$（可认为是优化后的决策行为）。与此同时，寻找 store 中距离人类输入行为最远的机器行为 $\xi(i)$ 以更新当前时刻人的自主性上界信息，重复下去直至训练结束。

由上述讨论可知，在机器介入人场景下，将自主性边界的判定有机融合到优化问题的求解中，既可以实时更新维护随系统演化而变化的人的自主性边界，又有利于人机系统整体目标的优化，具有较高的理论研究和实际应用价值。

5.1.2　人介入机器：利用自主性边界的判定优化强化学习算法

第 3.2.1 小节讨论了人（单向）介入机器的概念和特点，指出其自主性联合空间由人的自主性相对空间和机器的自主性绝对上界共同构成。因此，在本小节我们重点讨论机器的自主性上界的判定及其应用。

5.1.2.1　人介入机器场景下机器的自主性边界判定方法

在很多人机协作场景中，人往往都保留了对人机系统的最终决策权，比如军事领域中人对自主武器的最终决断，远程遥操作机器人一般也以人的决策为行动标准。与前述人介入机器的场景类似，在这类机器介入人场景中，核心问题就成为如何准确判定机器是否超出了所被允许的自主性边界。同样的，机器的自主性边界既可能是事先可以确定的，但在更多实际情况下，要求机器的自主性边界判定和人机协作策略设计耦合优化。

类比于机器介入人的场景，在耦合优化的人介入机器场景下，机器在 t 时刻自主性边界的判定可以形式化表示为在满足系统状态 $s(t)$ 和被控对象的约束条件 $C(s(t), a_m(t))$ 下，寻找使得人机系统共同目标 $J_{h,m}(s(t), a_m(t))$ 最差（这与系统本身的优化目标正好相反）的机器的行动 $b_m(t)$：

$$b_m(t) = \arg \min_{a_m(t) \in \mathcal{A}_m} J_{h,m}(s(t), a_m(t)) \tag{5.5a}$$

$$\text{s. t. } C(s(t), a_m(t)) < 0 \tag{5.5b}$$

同样需要特别注意在式 (5.5a) 中，为了求得机器的自主性边界而最大化或最小化目标函数的行为与人机系统本身的最大化或最小化目标函数的行为正好相反。

上述对机器自主性边界判定的讨论可写为算法 5.3。在算法 5.3 中，机器自主性上界的初始化可根据被控对象及当前已有可用信息获得，与算法 5.1 类似，可借鉴神经网络中的随机初始化作为无其他先验信息时的解决办法（利用随机搜集到的经验样本轨迹等办法）。在系统运行过程中，算法基于约束条件对机器行为进行判断，之后利用初始化得到的机器的上界信息 $b_m(t)$ 对满足约束的机器行为 $a_m(t)$

进行判断，目的是找到使得目标函数式 (5.5a) 更优时对应的机器动作 $a_m(t)$（如上所述，以最大化目标函数为例，需找到约束范围内最小目标函数对应的行为），并将它更新为当前时刻与系统状态对应的机器的自主性上界 $b_m(t)$，重复进行下去直至训练结束。

算法 5.3   人介入机器系统中机器的自主性边界判定

初始化: 初始化机器的自主性上界 $\bar{B}_m = \{b_m(t)\}$。

输出: 机器的自主性上界 $b_m(t)$。

 1: **重复**
 2:      输入：机器行为 $a_m(t)$。
 3:      根据约束条件式 (5.5b) 对当前时刻的机器行为进行筛选。
 4:      将满足约束条件的机器行为与第 2 步中机器的上界信息进行目标函数的比较，如果 $J_{h,m}(s(t), a_m(t)) < J_{h,m}(s(t), b_m(t))$，则 $b_m(t) = a_m(t)$，以获得更优的机器的上界；否则机器的自主性上界保持不变。
 5: **直至训练结束**

5.1.2.2   人类干预下的强化学习问题

考虑一类人主要以辅助机器完成其目标而存在的人机系统[107,108]，典型的例子如汽车驾驶中的人机共驾系统（半自动驾驶）、人对自主武器系统的最终控制等。这类人机系统大多由机器进行控制，但在机器行为明显违背系统安全性等关键指标时，人需要及时介入以保证人机系统的安全性和其他可能的性能指标。机器出现错误的原因，可能由于采用的机器智能的本质缺陷（如深度学习算法的弱鲁棒性），也可能由于人机系统遇到了机器智能未能设计到的突发情况，不管是什么原因，人类智能的独特优势都提供了改进人机系统整体性能的可能性[108,109]。

上述人介入机器问题，可通过添加一项人对机器决策的信念 $h(t)$，改造常规人机系统的强化学习（关于强化学习的简要介绍可见第 9.1 节，这里不再赘述）五元组描述，得到如下的六元组描述：

$$\{s(t), a_m(t), a_h(t), r(t), s(t+1), h(t)\}$$

其中，$s(t), a_m(t), a_h(t), r(t), s(t+1)$ 分别表示 t 时刻的状态、机器动作、人的动作和奖惩，以及 $t+1$ 时刻的状态。人机系统的实际行动 $a(t)$ 依赖于人对机器行动 $a_m(t)$ 的信念：如果人信任机器（$h(t)$ 高于某一阈值 h_0），则采用机器的行动 $a_m(t)$；如果人对机器行动缺乏信心，则采用人给出的行动 $a_h(t)$（或者某种基于人与机器

各自决策的融合形式），即

$$a(t) = \begin{cases} a_m(t), & h(t) \geqslant h_0 \\ a_h(t), & h(t) < h_0 \end{cases} \tag{5.6}$$

上述包含了人类干预的行动 $a(t)$ 可进一步通过最优策略目标函数（如动作值函数第 9.1.1 小节）的优化过程较为长远地影响人机系统的整体运行：

$$Q(s(t), a(t)) \leftarrow Q(s(t), a(t)) + \alpha[r(t) + \gamma Q(s(t+1), a(t+1)) - Q(s(t), a(t))] \tag{5.7}$$

关于上述目标函数的优化方法，可参见第 9 章。

5.1.2.3　利用机器的自主性上界优化人类干预下的强化学习方法

有了上述机器自主性上界的判定方法，针对人类干预下的强化学习问题，我们定义人机共同目标函数即为强化学习的目标函数（式 (5.7)），并给出基于 Actor-Critic 的人介入机器系统的优化算法如算法 5.4 所示，其中机器的自主性上界 $\bar{B}_m$ 可根据具体被控对象中机器行为的输入空间给出初步的定义：

$$J_{h,m}(s(t), a_m(t)) = Q(s(t), a(t)) \tag{5.8}$$

算法 5.4 在解决优化问题 (5.7) 的通用强化学习方法的基础上，融入自主性边界信息（由于这里涉及"人的干预"，主体决策者是机器，因此考虑机器的自主性边界），实现关于此类决策问题的进一步优化。算法中关于机器自主性上界的初始化如算法 5.1 所述。算法的优化目标有两个：① 与决策行为直接相关的策略；② 间接影响决策行为的机器的自主性边界。以强化学习 Actor-Critic[110] 方法为例，介绍我们的优化思路。在系统的动态演化过程中，针对被控对象的每个系统状态 $s(t)$，使用策略网络计算与之对应的机器决策行为 $a_m(t)$，根据初始化得到的机器的自主性上界信息，对步骤 2 的机器决策行为 $a_m(t)$ 进行判断，并且执行满足边界条件的机器行为 $a_m(t)$，将转移样本 $(s(t), a_m(t), s(t+1), r(t), b_m(t))$ 存入经验池中。步骤 5 从经验池 D 随机采样小批量的 N 个转换经验样本，计算每一组经验样本中时刻 i 的目标价值和当前价值。之后根据计算得到的时间差分误差和当前价值函数 $Q_\omega(s(i), \tau(i))$，分别更新价值网络 Q_ω 和策略网络 π_θ。最后，基于我们事先定义的式 (5.5) 更新当前时刻对应的机器自主性上界信息，重复下去直至训练结束。

由上述讨论可知，在人介入机器场景下，将机器的自主性边界判定融入强化学习的优化过程中，既可实时更新维护机器的自主性边界信息，又有利于强化学习本身的求解，具有重要的理论研究和实际应用价值。

算法 5.4 基于 Actor-Critic 的人介入机器系统的优化算法

初始化： 随机初始化策略网络（演员）π_θ 和价值网络（评论家）Q_ω 的网络参数，以及各自的学习步长 $\alpha^\theta, \alpha^\omega$；随机初始化经验池 D；初始化机器自主性上界 $\bar{B}_m$。

输出： 决策行为 $a_m(t)$ 及机器自主性上界 $b_m(t)$。

1: **重复**
2:     输入：系统状态 $s(t)$。
3:     策略网络 π_θ 计算当前时间步决策行为 $a_m(t)$。
4:     如果 $J_{h,m}(a_m(t)) \geqslant J_{h,m}(b_m(t))$，那么执行动作 $a_m(t)$，并将 $(s(t), a_m(t), s(t+1), r(t), b_m(t))$ 存储到经验池 D。
5:     从经验池随机采样小批量的 N 个经验样本 $(s(i), a_m(i), s(i+1), r(i), b_m(i))$，计算目标价值 $y_i^{td} = r_i + \gamma Q_\omega(s(i+1), \tau(i+1))$ 和当前价值 $y_i = Q_\omega(s(i), \tau(i))$。
6:     根据随机梯度下降法更新价值网络（评论家）Q_ω 的参数：$CLoss = \frac{1}{N}\sum_i (y_i - y_i^{td})^2$。
7:     根据随机梯度上升法更新策略网络（演员）π_θ 的参数：$ALoss = \frac{1}{N}\sum_i Q_\omega(s_i, \tau_i)$。
8:     $b_m(t) \leftarrow \arg\min(J_{h,m}(s(t), a_m(t))), a_m(t) \in D$。
9: **直至训练结束**

5.2　共享控制下的自主性边界典型判定及应用

本节讨论共享控制中的自主性边界判定方法及其在人机共享控制策略中的应用。首先在第 5.2.1 小节中讨论人机共享控制中的自主性边界判定方法，然后在第 5.2.2 小节介绍基于仲裁机制的人机共享控制问题，最后在第 5.2.3 小节中利用自主性边界信息优化基于仲裁的人机共享控制方案。

5.2.1　共享控制中的自主性边界判定

前面已经指出，相比介入控制方法，由于共享控制的自主性联合空间得到了极大拓展，在实际问题允许设计基于共享控制的策略时，共享控制往往能够取得比介入控制更好的效果。而在共享控制策略的设计中，首要的问题就是对其中人和机器自主性边界的判定。注意在共享控制中，尽管人与机器各自的自主性边界也有其重要价值，但我们本质上关心的是由人和机器所形成的共同的联合边界。

类比于介入控制的场景，在共享控制场景下，人机系统在 t 时刻的自主性上界 $\bar{b}(t)$（或自主性下界 $\underline{b}(t)$）的判定可以形式化表示为在满足系统状态 $s(t)$ 和被控对象的约束条件 $C(s(t), a(t))$ 下，寻找使得人机系统共同目标 $J_{h,m}(s(t), a(t))$ 最好（或最差）的行动。以人机系统目标是最大化 $J_{h,m}(s(t),a(t))$ 为例，上述描述可形式化写为下式：

$$\overline{b}(t) = \arg \max_{a(t)\in\mathcal{A}_h\times\mathcal{A}_m} J_{h,m}(s(t),a(t)) \tag{5.9a}$$

$$\text{s.t. } C(s(t),a(t)) < 0 \tag{5.9b}$$

或

$$\underline{b}(t) = \arg \min_{a(t)\in\mathcal{A}_h\times\mathcal{A}_m} J_{h,m}(s(t),a(t)) \tag{5.10a}$$

$$\text{s.t. } C(s(t),a(t)) < 0 \tag{5.10b}$$

共享控制中的自主性边界判定的步骤可形式化写为算法 5.5。

算法 5.5   共享控制下的自主性边界判定

初始化： 初始化自主性边界 $B = \{\overline{b}(t), \underline{b}(t)\}$。

输出： 共享控制下的自主性下界 $\underline{b}(t)$ 和自主性上界 $\overline{b}(t)$。

1: **重复**

2:　　　输入：系统状态 $s(t)$。

3:　　　根据当前时刻系统状态，机器代理计算出决策行为 $a_m(t)$，同时人类代表也给出决策行为 $a_h(t)$。

4:　　　根据约束条件 (5.9b) 分别对当前时刻的机器和人类的行为进行检查。

5:　　　将满足约束条件的人类输入与初始化中的自主性边界信息进行目标函数的比较，如果 $J_{h,m}(s(t),a(t)) < J_{h,m}(s(t),\underline{b}(t))$，则 $\underline{b}(t) = a(t)$，以获得更优的自主性下界；如果 $J_{h,m}(s(t),a(t)) > J_{h,m}(s(t),\overline{b}(t))$，则 $\overline{b}(t) = a(t)$，以获得更优的自主性上界；否则保持不变。

6: **直至训练结束**

在算法 5.5 中，人机共享控制自主性边界的初始化可根据被控对象及当前已有可用信息获得，与算法 5.1 类似，可借鉴神经网络中的随机初始化作为无其他先验信息时的解决办法（利用随机搜集到的经验样本轨迹等办法）。在系统演化过程中，对于实时输入的系统状态 $s(t)$，算法决策模块分别给出与此系统状态相应的机器决策行为 $a_m(t)$ 和人类决策行为 $a_h(t)$。之后利用自主性边界信息 $\overline{b}(t), \underline{b}(t)$ 对满足约束的决策行为进行比较，目的是更新使得目标函数更大（式 (5.9a)）或更小（式 (5.10a)）时与决策行为对应的自主性上界（或自主性下界），重复进行下去直至训练结束。

5.2.2 基于仲裁机制的人机共享控制

考虑人机共享控制系统[64,65,111,112] 时，仲裁[72,111] 是一个核心概念，它决定何时由机器决策、何时由人类决策，以及如何融合机器行为和人类行为。本小节关心仲裁机制在基于意图推断的人机系统中的应用。在这类系统中，机器通过观察人类决策行为推断人类意图达到的目标[113]，机器代理结合预测目标和自身策略，对被控对象的实时环境状态给出行为判断。然后，机器决策行为和人类决策行为同时进入仲裁阶段，由仲裁函数给出最终的决策行为。仲裁参数 $f^a(\cdot)$ 取决于环境参数和用户需求，可一般性表示如下：

$$a(t) = f^a(a_h(t), a_m(t), s(t), g(t), c(t)) \tag{5.11}$$

其中，$g(t)$ 和 $c(t)$ 分别表示人类目标和其他影响仲裁结果的因素，如置信度、不确定性（第 4 章中的不确定性刻画）等。

上述关于仲裁机制在基于意图推理的人机系统中的应用可形象化表达为图 5.1，并可形式化描述为如下的优化问题：

$$\max_{a(t)} J^r(s(t), a(t)) = \int_{t=t_0}^{t_0+T} r(s(t), a(t))\mathrm{d}t \tag{5.12a}$$

$$\text{s. t. } \{g(t), c(t)\} = \mathrm{Infer}(a_h(t)) \tag{5.12b}$$

$$a_m(t) = p(s(t), g(t)) \tag{5.12c}$$

$$a(t) = f^a(a_h(t), a_m(t), c(t)) \tag{5.12d}$$

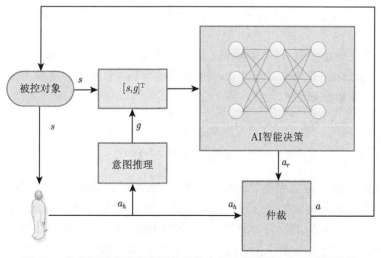

图 5.1　仲裁机制在基于意图推理的人机共享控制中的应用示意图

其中，Infer($\cdot$) 是意图推理模块，其输出是推断目标 $g(t)$ 和推断置信度 $c(t)$；p 表示机器代理的策略函数，输出机器决策行为。

仲裁函数可具有如下的典型形式：

$$f^a(a_h(t), a_m(t), c(t)) = (1 - \alpha)a_h(t) + \alpha a_m(t) \tag{5.12e}$$

其中，参数 α 的值应根据意图推理置信度 $c(t)$ 而定，可具有如下的典型形式：

$$\alpha = \begin{cases} 0, & c(t) \leqslant \epsilon_1 \\ \frac{\epsilon_3 \times (c(t) - \epsilon_1)}{\epsilon_2 - \epsilon_1}, & \epsilon_1 < c(t) < \epsilon_2 \\ \epsilon_3, & c(t) \geqslant \epsilon_2 \end{cases} \tag{5.13}$$

其中，ϵ_1 和 ϵ_2 表示某事先确定的下阈值和上阈值：当意图推理置信度 $c(t)$ 小于下阈值 ϵ_1 时，机器的决策变得不可信，全部采用人的决策；$c(t)$ 大于上阈值 ϵ_2 时，采用某事先确定的权值 $\epsilon_3 < \epsilon_2$ 对人和机器的决策进行加权；而当 $c(t)$ 处于上下阈值之间时，则利用依赖于 $c(t)$ 的动态权值 $\frac{\epsilon_3 \times (c(t) - \epsilon_1)}{\epsilon_2 - \epsilon_1} < \epsilon_3$ 对人和机器的决策进行加权。

5.2.3　利用自主性边界优化基于仲裁机制的人机共享控制

有了上述关于共享控制下自主性边界的判定方法，针对基于仲裁机制的共享控制问题 (5.12)，定义式 (5.9) 和式 (5.10) 中的人机共同目标函数即为意图推理问题的优化目标 $J^r(s(t), a(t))$：

$$J_{h,m}(s(t), a(t)) = J^r(s(t), a(t)) = \int_{t=t_0}^{t_0+T} r(s(t), a(t))\mathrm{d}t \tag{5.14}$$

注意到在确定参数 α 时所依赖的上下阈值概念可以很自然地与人机系统自主性上下界的概念联系起来。事实上，通过将 ϵ_1 和 ϵ_2 直接由自主性下界和上界所取得的目标函数值来动态定义，即

$$\epsilon_1 \propto J_{h,m}(s(t), \underline{b}(t)) \tag{5.15a}$$

$$\epsilon_2 \propto J_{h,m}(s(t), \overline{b}(t)) \tag{5.15b}$$

并给出具体算法步骤如算法 5.6所示。算法 5.6中对仲裁函数的定义不再过度依赖实际中难以准确确定的固定超参数，这样，参数给定的规范化和动态性将从本质上有利于算法性能的提升。算法 5.6在解决优化问题 (5.12) 的基础上，融入共享控制的自主性边界信息（由于这里涉及人和机器的相互干预，人和机器是共同的主体决策者，因此考虑共享控制下的自主性边界），实现关于此类决策问题的

进一步优化。算法中关于共享控制自主性边界的初始化如算法 5.5所述。算法的优化目标有两个：① 与决策行为直接相关的策略；② 间接影响决策行为的共享控制下的自主性边界。在系统的动态演化过程中，对于被控对象的每个系统状态 $s(t)$，人类智能输出有目的性的决策行为 $a_h(t)$ 有两个作用：① 机器用来推测人类想要完成的任务目标；② 作为和即将生成的机器决策 $a_m(t)$ 仲裁混合的人类信号。机器预测出任务目标之后，结合当前时刻的系统状态和当前策略的学习情况，计算出实时的机器行为 $a_m(t)$。有了人机共享系统中人和机器的决策行为，便可由式 (5.12e) 中的仲裁函数进行仲裁。随后利用当前时刻的已有信息，如系统状态、决策行为、目标函数等，判断 $J_{h,m}(s(t), a(t))$, $\min J_{h,m}(s(t), a_h(t)), J_{h,m}(s(t), a_m(t))$ 和 $\max J_{h,m}(s(t), a_h(t)), J_{h,m}(s(t), a_m(t))$ 之间的大小关系，进而优化更新共享控制下的自主性上界和自主性下界，重复下去直至训练结束。

算法 5.6 基于仲裁机制的共享控制的优化算法

初始化： 初始化共享控制下的自主性边界信息 $B = \{\overline{b}(t), \underline{b}(t)\}$。

输出： 当前时刻仲裁之后的决策行为 $a(t)$, 和此时共享控制下的自主性上界 $\overline{b}(t)$ 和自主性下界 $\underline{b}(t)$。

1: **重复**

2:　　输入：系统状态 $s(t)$。

3:　　人类智能根据观察到的系统状态给出决策行为 $a_h(t)$。

4:　　机器代理的意图推理模块根据人类行为预测出任务目标 $g(t)$，同时计算该目标对应的置信度 $c(t)$。

5:　　机器代理将根据系统状态 $s(t)$ 和任务目标 $g(t)$, 计算出机器的决策行为 $a_m(t)$。

6:　　按照式 (5.13) 和式 (5.15) 计算 α 值，构建式 (5.12e) 中的仲裁函数。

7:　　利用当前已获得信息对自主性边界进行优化更新。如果 $J_{h,m}(s(t), a(t))$ $< \min J_{h,m}(s(t), a_h(t)), J_{h,m}(s(t), a_m(t))$ 或者 $J_{h,m}(s(t), a(t)) > \max\{J_{h,m}(s(t), a_h(t)), J_{h,m}(s(t), a_m(t))\}$ 时，使用 $\arg\min\{J_{h,m}(s(t), a_h(t)), J_{h,m}(s(t), a_m(t))\}$ 或 $\arg\max\{J_{h,m}(s(t), a_h(t)), J_{h,m}(s(t), a_m(t))\}$ 更新自主性下界和自主性上界。

8: **直至训练结束**

由上述讨论可知，在人机共享控制中，将自主性边界判定融入共享控制优化过程中，既可实时更新维护自主性边界信息，又有利于共享控制策略的求解，具有重要的理论研究和实际应用价值。

5.3　本 章 小 结

在对人机混合智能系统自主性边界的概念性定义基础上，本章探讨了各种不同场景下自主性边界的判定及其应用，通过大量可计算的具体实例丰富了自主性边界这一概念的内涵。首先以机器对人的最小干预为例，给出了机器介入人场景下人的自主性上界判定方法，证明了自主性边界在这一问题的优化求解中的作用。其次以强化学习算法为例，给出了人介入机器场景下机器的自主性边界判定方法，证明自主性边界可用于优化强化学习算法的决策质量。最后以基于意图推理的人机共享控制为例，给出了共享控制中的自主性边界判定方法，证明自主性边界在共享控制中也具有重要的作用。

本章所做的研究和讨论，使得自主性边界在概念性定义基础上，具有了可判定、可计算的属性，从而（结合第 2 章和第 3 章）将自主性边界应用到人机协作、对抗，甚至多智能体系统等广泛的领域成为可能，促进了自主性边界相关研究的进一步发展。

第 II 部分
人机混合智能系统设计方法

第 6 章　人在环上：人的认知提升机器智能

本章摘要

　　传统的机器学习算法往往需要数量巨大的样本来进行训练才能获得较为理想的性能，而在实际应用中样本规模经常会受到客观条件的限制，也就相应地限制了机器学习算法在很多场景下的应用。受到人的认知能力并不依赖大量训练样本的启发，本章讨论如何将人的认知心理模型或生理认知特性引入传统机器学习算法，以期在相同数量的训练样本下能够提升机器学习算法的性能。

　　本章第 6.1 节介绍了引入人的认知特性提升机器学习算法性能的主要思想和方法，进而在第 6.2 节和第 6.3 节中针对两类引入人的认知特性的主要方法（引入认知心理模型和引入人的生理认知特性）分别进行实例说明。♡

6.1　利用人的认知特性提升机器学习算法性能的基本思想

　　深度学习算法性能在近些年的迅猛提升得益于三个不同的因素，一是算法本身的改进，二是计算能力的提升，三是大量数据的获取。但这三个因素也反过来限制了深度学习算法性能提升的上限，比如，在算法层面，现有深度学习算法架构本质上难以解决预测的可解释性和结果的鲁棒性等难题；在算力方面，训练所需的强大算力要求限制了深度学习的可能应用场景，同时计算时间拉长导致的实时性欠缺也使得相关算法难以应用在实时性要求高的控制自动化等系统中；最后，如很多专家指出的，在对算法性能提升的影响方面，训练数据的数量多寡在很多时候胜过算法本身的提升，然而，在很多情况下，大数据的获取并不容易，甚至根本就不可能，这就造成了深度学习算法应用扩展的根本性限制。

　　我们注意到，在面向具体深度学习应用性能提升的问题时，基础算法的突破和计算能力的提升虽可期待，但遗憾在鞭长莫及，并非是可以在当下有效借用的力量；而增加数据的获取，或者有成本原因，或者现实中并不可能，也有其难以突破的限制。

　　我们同时注意到，在很多应用场景中人具有某种独特的优势，如人的基于小样本进行有效预测的能力，相较于深度学习算法有本质的优越性。人类医学专家基于经验可以很好地从放射影像中识别乳腺癌，但由乳腺癌患病率较小导致的有效样本较小（约每 10 万人 46.3 例[114]），导致机器算法的训练变得非常困难，准确性也受到限制[115]。

人具有的认知优势的原因在学界并未达成共识，但从本质上来讲，这种差异自然是源于人的某种或某些独特的认知能力。从这一认识出发，在深度学习算法中借鉴人的认知优势成为一个值得关注的课题。

这种借鉴可以是极度"象形"的，即直接基于人脑的生理结构构建机器学习算法，最有名的项目是发起于 2005 年的"蓝脑计划"，希望计算模拟人脑运行，但到目前为止并未达到预期[116]。

另一种借鉴是"会意"的，即通过将人的认知特性引入到机器学习算法的训练过程中来提升算法性能。这里，人的认知特性可以是某种认知心理模型，也可以是某种生理认知特性。利用前一种心理认知特性，可将人的某种认知心理模型作为先验知识（如对数据集结构的某种假设）引入到机器学习模型中，以使得机器学习模型在拟合或寻优过程中利用这些认知心理特性，提升最终训练效果。目前用得比较多的心理认知模型包括对称偏差模型（DH 模型）、互斥偏差模型（ΔP模型）及其衍生而来的松散对称模型（LS 模型）[115] 和其他变体[117-120]，在控制问题[121,122] 和优化问题[123] 中也能见到其应用。

本章第 6.2 节和第 6.3 节将分别介绍利用人的认知心理模型和认知生理特性提升机器智能的方法。

6.2 利用人的认知心理模型提升机器智能

作为利用人的认知心理模型提升机器智能的典型例子，本节介绍人的认知在提升朴素贝叶斯算法性能中的作用。朴素贝叶斯算法的性能极大的依赖于数据特征的独立性假设，但在实际问题中，由于样本量有限、样本分布与总体分布不同等原因，这一假设往往难以保证[124]。引入传统的拉普拉斯平滑模型可以一定程度上避免独立性假设不成立带来的影响，但对这一模型的调参存在一定困难，若要保证调参的精度必须要花费大量的计算资源进行繁杂的超参数优化。为解决这一问题，文献 [124]~[127] 通过引入人的认知的松散对称模型和其他相关认知心理模型提升朴素贝叶斯这一机器学习算法的性能，本节将对这类方法做概括性介绍。第 6.2.1 小节首先简单介绍朴素贝叶斯算法，然后在第 6.2.2 小节和第 6.2.3 小节分别介绍利用人的认知特性的拉普拉斯平滑模型和松散对称模型对朴素贝叶斯算法性能提升的方法，最后在第 6.2.4 小节介绍引入松散对称模型提升使用了拉普拉斯平滑的朴素贝叶斯算法性能的方法。

6.2.1　朴素贝叶斯算法介绍

本小节首先介绍朴素贝叶斯算法的基本概念，然后讨论在独立性假设不成立时朴素贝叶斯算法性能所受到的影响及要克服这一影响所面临的挑战。

6.2.1.1　朴素贝叶斯算法

首先给出广为人知的贝叶斯公式。考虑随机事件 A 和 B，其中随机事件 $A_1, A_2, \cdots, A_i, \cdots, A_n$ 是 A 的一个完备事件组。使用 $P(\cdot)$ 表示某一随机事件的概率，则在事件 B 发生的条件下事件 A_i 发生的概率 $P(A_i|B)$ 可由如下的贝叶斯公式计算：

$$P(A_i|B) = \frac{P(A_i)P(B|A_i)}{\sum_j P(B|A_j)P(A_j)} \tag{6.1}$$

将随机事件 B 替换为随机向量 $(b_1, b_2, \cdots, b_N)$，则上述贝叶斯公式变为如下形式：

$$P(A_i|b_1, b_2, \cdots, b_N) = \frac{P(A_i)P(b_1, b_2, \cdots, b_N|A_i)}{\sum_j P(b_1, b_2, \cdots, b_N|A_j)P(A_j)} \tag{6.2}$$

基于式 (6.2) 的贝叶斯公式，给出如下的朴素贝叶斯算法：

$$P(A_i|b_1, b_2, \cdots, b_N) = \frac{P(A_i)\prod_j P(b_j|A_i)}{\sum_j P(b_1, b_2, \cdots, b_N|A_j)P(A_j)} \tag{6.3}$$

进一步假设随机事件 $b_1, b_2, \cdots, b_N$ 在条件 A_i 下是相互独立的。

从实际应用的角度来说，把 $P(b_1, b_2, \cdots, b_N|A_i)$ 简化为 $\prod_j P(b_j|A_i)$ 的形式更易于计算，而 $\sum_j P(b_1, b_2, \cdots, b_N|A_j)P(A_j)$ 对于完备事件组中的任一事件 A_i 来说都是相等的，也就不影响我们比较完备事件组中不同事件的概率大小（$P(A_i|b_1, b_2, \cdots, b_N)$）。

基于式 (6.3) 的朴素贝叶斯算法（又称朴素贝叶斯分类器）计算不同 i 取值下 $P(A_i|b_1, b_2, \cdots, b_N)$ 的大小，并将使得 $P(A_i|b_1, b_2, \cdots, b_N)$ 的值最大的 i（记为 i_0）相对应的事件 A_{i_0} 作为分类的结果。

6.2.1.2　朴素贝叶斯算法的内在缺陷及其解决挑战

如前所述，朴素贝叶斯算法在文本分类问题中通常优于其他算法，但当它的独立性假设不成立时，比如，样本数量太小且不同类样本之间数量相差太大时，其性能就会受到较大影响。为了形象的展示这一影响，考虑如下的邮件分类实验[124]。

在三个邮件数据集 Ling-Spam、SpamAssassin 和 PUA 上进行实验（使用多个数据集以说明普适性），并以不同种类样本数量具有明显偏差的样本集作为训练集（垃圾邮件和正常邮件的比例为 1∶5）训练朴素贝叶斯算法。从小样本情况开始，逐步等比地增加样本数量（从以 4 封垃圾邮件及 20 封正常邮件作为训练集开始逐步等比增加），比较在具有相同偏差而数量不同（小样本情况逐步过渡到正常情况）的样本集下朴素贝叶斯算法的分类效果。由于样本数量被人为控制，先验概率统一设为 $P(\text{spam}) = 0.5$，$P(\text{ham}) = 0.5$ [①]。

图 6.1 展示了朴素贝叶斯算法对这些数据集的分类效果。可以看到在小样本情况下（4 封垃圾邮件及 20 封正常邮件）朴素贝叶斯算法在三个数据集上的平均准确率都只是略好于 0.5，仅比盲猜稍好。随着样本数量等比增加，朴素贝叶斯算法在三个数据集上分类的平均准确度都有所上升，其中对于 Ling-Spam 数据集的分类准确度最终达到了接近 0.9，而对于 SpamAssassin 数据集和 PUA 数据集，分类准确度随着样本数量的增加上升得相对缓慢，但也到了 0.7 左右。

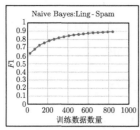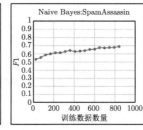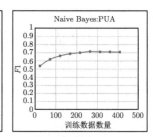

图 6.1   朴素贝叶斯算法对不同数据集的分类效果点线图

综上，在小样本下训练集中的偏差将会给朴素贝叶斯算法的分类效果带来较大的负面影响，而这种负面影响将会随着样本数量的增加而减小。

具体来说，朴素贝叶斯算法通常采用频率估计条件概率，这在大样本下并没有太大的问题，但在样本量较小时，这种估计方法将导致很多特性的估计概率是 0，又因为朴素贝叶斯所采用的独立性假设，只要有一个特性的概率为 0，整个类别的概率将被直接计算为 0，最终导致很多测试数据两个类别的概率均被归为 0，显然这会严重影响判断的准确性，进一步来说，这样一种对概率的估计方法浪费了训练集中大量有用的信息（很多都直接判为 0 了）。

为了避免这种浪费出现，需要对估计条件概率的方法进行改进，然而这并非易事：以频率估计概率的方式默认我们对所要学习的数据集没有任何先验知识，改变估计条件概率的方式意味着我们引入了一些先验知识，而只有在这些先验知识与算法所要学习的数据集相符的情况下，算法性能才能得到提升，反之算法性能

---

① 为了便于对比，第 6.2 节的所有实验都采用如此设置，更多的实验相关细节可见第 6.2 节的参考论文。

则会下降。而基于数据集，尤其是样本数量稀少而结构复杂的数据集，获取简洁而正确的先验知识是一件非常困难的事，这给解决这一问题带来了巨大的挑战。

6.2.2 利用人的认知特性的拉普拉斯平滑模型对朴素贝叶斯算法性能的提升

本小节首先给出拉普拉斯平滑的定义并简要介绍它与人的认知特性的关联，然后讨论在训练集样本数量少且具有偏差时（独立性假设不成立的情况之一），引入拉普拉斯平滑模型来改善朴素贝叶斯算法分类性能的可能性及这一方法在调参上存在的困难。

6.2.2.1 拉普拉斯平滑的定义和它所建模的人的认知特性

为了解决朴素贝叶斯算法把未出现特征的概率判为 0 的问题，我们先来考虑人会如何思考这类问题：抛一枚硬币，前两次出现的都是正面，若依照频率估计概率的原则，下一次出现正面的概率估计将是 100%，但正常人显然不会直接认为接下来抛硬币的结果一定是正面。即在认知事物的过程中，人脑总会留有一定的余地，不会做出过于激进的判断。拉普拉斯平滑是对这一认知特性的一种建模：即便某一特征在某类样本中一次都没出现，它出现的概率也只会判定为一个较小的常值，而不会直接归为 0，表示为

$$p_{i,\alpha\text{-smoothed}} = \frac{x_i + \alpha}{N + \alpha d}$$

其中，N 为总实验次数，x_i 为事件 i 出现的频率，d 为一次实验可能出现的事件种类总数，α 为可取任何非负数的参数，在实际应用中一般在 $[0,1]$ 这一区间内取值。

6.2.2.2 参数 α 对算法分类性能的影响及其最优取值

图 6.2 展示了使用拉普拉斯平滑的朴素贝叶斯算法在小样本邮件分类问题下的表现情况。

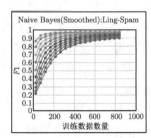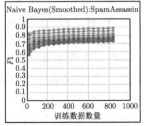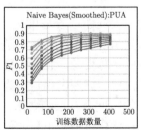

图 6.2　加性平滑朴素贝叶斯算法对不同数据集的分类效果点线图

与图 6.1 相对比可以看出，只要 α 选择合适，引入拉普拉斯平滑可以在所有样本数量下改善朴素贝叶斯算法的分类效果，这种改善在训练集是小样本（且有偏差）的情况下尤为明显：在三个数据集上，小样本下的平均分类准确率都从略好于 0.5 的水平提升到了 0.8 左右。随着样本数量逐步增大，平均分类准确率的提升变小，在样本数量为 840 时，Ling-Spam 平均分类准确率的提升略小于 0.1，SpamAssassin 及 PUA 数据集平均分类准确率的提升均在 0.2 左右。

事实上，α 的取值反映了我们对于不同类别样本的"相似程度"的预期，α 取得越大，我们越倾向于认为不同类别样本的相似程度越高。具体来说，我们可以把拉普拉斯平滑看作是加入了一个均匀分布的先验知识，即首先假设所有特征在不同类别中的出现概率都是相同的，这一先验知识的权重由 α 决定。从拉普拉斯平滑的基本公式可以看出，如果 α 取正无穷大，不论有多少数据参与训练，所有特征都将是均匀分布；而如果 α 取 0，则退化到由频率估计概率的情况。显然，采取正确预期的算法具备更好的性能，而由频率估计概率方法对应 $\alpha = 0$ 的情况，在很多数据集下并不是最优解。

从频率学派的角度来说，频率估计概率本身想要成立，需要大量的独立重复随机试验，甚至，如果每次实验都是独立重复的，可以证明用频率估计概率是最优的（极大似然），而在实际应用中想要同时满足这些条件显然存在困难。比如邮件分类问题，虽然我们可以很轻松地获取大量的邮件，但显然我们不能简单地说不同邮件之间都是相互独立的，事实上邮件作为人与人之间相互沟通的方式之一，不同的邮件之间必然存在或多或少的关联，即是说在这种情况下，用频率去估计概率并不是最优的，存在改进的空间，拉普拉斯平滑就是改进的方法之一。

从图 6.2 不难看出，如果采用拉普拉斯平滑方法改善算法性能，α 的取值至关重要，α 取得太大或者太小，算法性能都会有损失。事实上，我们可以说，拉普拉斯平滑这一方法的效果对 α 的取值是敏感的，α 取值不合理可能使算法性能变差。目前还没有基于数据集直接计算最优 α 取值的方法（可以通过实验基本确定的是，α 的取值与数据集本身的特性有很大关系。正如之前所说，α 的取值反映了不同类样本的相似程度），只能凭经验给 α 取值，或是利用一些已有的优化方法。基于最小化交叉验证所估计的损失，逐点测试 α 取值，这是拉普拉斯平滑的主要问题：若是仅凭经验确定 α 取值则无法保证其精度，且无法处理缺乏先验知识的问题；若是为了保证精度，利用优化方法进行试错及调参，则要消耗大量的计算资源，且流程繁杂。在数据集样本较少、与数据集相关的先验知识较少时，这一问题表现得尤为明显：样本数量少意味着先验知识起主要作用，对 α 取值的精度会有很高要求，而缺乏相关先验知识则意味着难以凭经验确定 α 取值，在优化过程中也只能使用相对更保守的优化方法，使得调参需要花费更长的时间。

6.2.3 利用人的认知特性的松散对称模型对朴素贝叶斯算法性能的提升

本小节首先简要介绍松散对称模型和人的认知特性的关联并给出其定义,然后讨论在训练集样本数量少且具有偏差时,引入松散对称模型对朴素贝叶斯算法性能的提升效果,最后与拉普拉斯平滑模型进行对比,讨论引入松散对称模型改善朴素贝叶斯算法性能的优点及缺点,并简单介绍这两种模型的关联。

6.2.3.1 对称偏差模型及互斥偏差模型的定义和它们所建模的人的认知特性

我们首先来讨论两种较为基本的认知偏差模型,即对称偏差模型和互斥偏差模型,松散对称模型则可看作是这两种模型的综合。

对称偏差是指若有"如果 p 发生,那么 q 发生",则人倾向于认为"如果 q 发生,那么 p 发生"。举例子来说,假设 p 代表"下雨了"、q 代表"草坪湿了"。对称偏差就指可以通过"如果下雨了(p),草坪会湿(q)"来得出"如果草坪湿了(q),刚刚下雨了(p)"的结论。事实上,这种现象可以导致对称"误差",因为"草坪湿了"也可能是其他因素导致的,比如"花园的花洒撒的水"。因此,在特定情况下,"下雨了"和"草坪湿了"之间没有特定的联系。但是这种现象在我们的日常生活中很常见,可以帮助人更快地学习和决策。

互斥偏差是另一种现象:若有"如果 p 发生,q 就会发生",则人倾向于认为"如果 p 不发生,q 也不会发生"。用例子解释来说是这样的:一个妈妈告诉她的儿子,"如果你不打扫你的房间,你就不能出去玩"。在这句话中,p 代表"不打扫房间",q 代表"不能出去玩"。她儿子的理解是"如果我打扫房间了,我就可以出去玩了",于是她的儿子打扫了房间。在这个例子中,她的儿子好像误解了 p 和 q 这两句话的关系。但事实上,母子两个人相互之间的沟通是成功的。这样的例子在我们生活中也很常见。在逻辑学中,互斥偏差有助于儿童的词汇学习。举例来说,如果 p 代表"河马"、q 代表"被称为河马",互斥偏差现象就是说"如果一个孩子认识大象($\bar{p}$),他就不会把大象叫作河马($\bar{q}$)"。互斥偏差有效地避免了把不同的事物混淆起来。

如上所述,对称偏差和互斥偏差虽有时会带来逻辑上的错误,但是并没有影响到人的正常沟通和学习,反而会使人之间的沟通更高效,帮助人更快地做决定。由此,可试想构造出一个包含这两种偏差的"人性化"的模型,即所谓松散对称模型。首先给出随机事件间的关系,如表 6.1 所示。

表 6.1 随机事件 w_j 与随机事件 c_i 的列联表

	w_j	$\overline{w_j}$
c_i	a	b
$\overline{c_i}$	c	d

基于表 6.1，式 (6.4) 和式 (6.5) 给出了松散对称模型的定义。

$$
\begin{cases}
P_{(w_j|c_i)} = \dfrac{a}{a+b} = a_1 \\[2mm]
P_{(\overline{w}_j|c_i)} = \dfrac{b}{a+b} = b_1 \\[2mm]
P_{(w_j|\overline{c}_i)} = \dfrac{c}{c+d} = c_1 \\[2mm]
P_{(\overline{w}_j|\overline{c}_i)} = \dfrac{d}{c+d} = d_1
\end{cases}
\tag{6.4}
$$

$$
\begin{cases}
P_{\mathrm{LS}(w_j|c_i)} = \dfrac{a_1 + \dfrac{b_1 d_1}{b_1 + d_1}}{a_1 + b_1 + \dfrac{a_1 c_1}{a_1 + c_1} + \dfrac{b_1 d_1}{b_1 + d_1}} \\[6mm]
P_{\mathrm{LS}(c_j|w_j)} = \dfrac{a_1 + \dfrac{c_1 d_1}{c_1 + d_1}}{a_1 + c_1 + \dfrac{a_1 b_1}{a_1 + b_1} + \dfrac{c_1 d_1}{c_1 + d_1}} \\[6mm]
P_{\mathrm{LS}(\overline{w}_j|\overline{c}_i)} = \dfrac{d_1 + \dfrac{a_1 c_1}{a_1 + c_1}}{c_1 + d_1 + \dfrac{a_1 c_1}{a_1 + c_1} + \dfrac{b_1 d_1}{b_1 + d_1}}
\end{cases}
\tag{6.5}
$$

从中可见松散对称模型是条件概率的一种修正。若满足 $b_1 = c_1$，则 $P_{\mathrm{LS}(w_j|c_i)}$ 与 $P_{\mathrm{LS}(c_j|w_j)}$ 相等，则松散对称模型完全满足对称偏差。如果同时满足 $a_1 = d_1$ 和 $b_1 = c_1$，则 $P_{\mathrm{LS}(w_j|c_i)}$、$P_{\mathrm{LS}(c_j|w_j)}$ 和 $P_{\mathrm{LS}(\overline{w}_j|\overline{c}_i)}$ 是等价的。事实上，若把变量 a_1、b_1、c_1、d_1 在满足概率基本定义的前提下在 $[0,1]$ 区间内随机生成，可得到图 6.3（基于文献 [125] 中图重新绘制）。不难看出，$P_{\mathrm{LS}(w_j|c_i)}$ 和 $P_{\mathrm{LS}(c_j|w_j)}$、$P_{\mathrm{LS}(w_j|c_i)}$ 和 $P_{\mathrm{LS}(w_j|c_i)}$ 都具有一定的正相关性，可以说这一模型同时具有对称偏差和互斥偏差的性质。

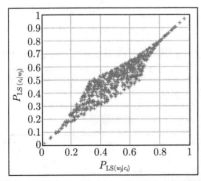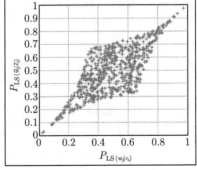

图 6.3　松散对称模型的特性

6.2.3.2 引入松散对称模型提升朴素贝叶斯算法的性能

之前已经给出松散对称模型的基本概念,现在对这一模型给出另一种直观的解释。我们首先来看松散对称模型的基本公式之一:

$$P_{\text{LS}(w_j|c_i)} = \cfrac{a_1 + \cfrac{b_1 d_1}{b_1 + d_1}}{a_1 + b_1 + \cfrac{a_1 c_1}{a_1 + c_1} + \cfrac{b_1 d_1}{b_1 + d_1}} \tag{6.6}$$

从结构上来说,这一公式实际上是以 b_1 和 d_1 的调和平均数、a_1 和 c_1 的调和平均数作为权重,对条件概率 a_1 做出一定的调整,而 b_1 和 d_1 的调和平均数作为平均数,表征的是事件 w 不发生的概率, a_1 和 c_1 的调和平均数表征的则是事件 w 发生的概率,条件概率 a_1 表示的是在事件 c 发生的条件下事件 w 发生的概率。基于这些概念,可以发现这一公式本质上表明了这样的关系:事件 w 发生的概率越低,则它在条件 c 下发生的概率就越大;事件 w 发生的概率越高,则它在条件 c 下发生的概率就越小。如果引入这样一个假设:条件概率与某件事导致另一件事的概率等价(事实上,可以证明在很多情况下这是成立的[128,129]),则这一关系实际上符合人类寻求事件之间因果关系的思考过程。人类更倾向于寻求发生低概率事件的原因,而相对不关心发生高概率事件的原因。从另一个角度来说,这一倾向也更加符合实际情况,以极端情况为例,假设某一事件 A 发生的概率是 100%,这种情况下说任何事件导致了 A 的发生都是不合适的,因为如果这么考虑那么所有事件都可以归为 A 发生的原因,显然这么判断是没有意义的。更合理的做法是留有一些余地,事件 A 发生的概率越高,它是由其他事件导致的概率就越小。

显然,与拉普拉斯平滑一样,松散对称模型作为对概率的一种修正,可以很方便地被引入朴素贝叶斯算法,只需要把式 (6.3) 分子中的每一个条件概率用松散对称模型所修正的概率代替即可。图 6.4 展示了使用了松散对称模型的朴素贝叶斯算法在小样本邮件分类问题下的表现。

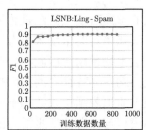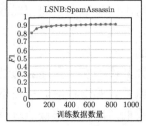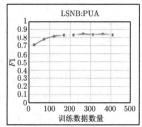

图 6.4　LSNB 算法对不同数据集的分类效果点线图

与图 6.1 对比可以看出,引入这种模型后同样可以提升朴素贝叶斯算法的性能，且与拉普拉斯平滑类似，这种提升在训练集是小样本（4 封垃圾邮件及 20 封正常邮件）且有偏差时最为明显，将原先略好于 0.5 的平均分类准确率提升到了 0.7~0.8 的水平；而随着训练集的样本数量逐渐增大，这种提升会变得较小，在训练集样本数量为 840 时，对 Ling-Spam 数据集的分类效果基本没有提升，而对 SpamAssassin 数据集和 PUA 数据集，平均分类准确率分别大概仅提升了 0.2 和 0.1。而与图 6.2 对比可以看出，使用松散对称模型的朴素贝叶斯算法的分类效果接近（但达不到）使用拉普拉斯平滑的朴素贝叶斯算法分类效果的最好情况（α 取最优值），而使用松散对称模型的朴素贝叶斯算法的优势在于它并不包含任何参数，也就不需要进行调参。

松散对称模型本质上也是一种平滑方法，它通过某些方式修改对于概率的估计，使其更符合实际情况。与拉普拉斯平滑直接引入均匀分布作为先验知识不同的是，松散对称模型引入人类认知事件之间因果关系的倾向性作为先验知识来改善对概率的估计。可以说这两种平滑方法并没有绝对的优劣之分，它们分别对应着人类两种不同的认知特性，共同存在于人的认知过程中。事实上，在之后的研究结果中我们可以看到，这两类平滑算法对于改善算法的性能起到了相互补充的作用。

6.2.4　引入松散对称模型提升基于拉普拉斯平滑的朴素贝叶斯算法的性能

本小节首先介绍强化松散对称模型与人的认知特性的关联并给出其定义，然后讨论在训练集样本数量少且具有偏差时，引入松散对称模型对使用拉普拉斯平滑模型的朴素贝叶斯算法分类性能的提升效果，最后定性讨论这一提升效果背后的数学依据。

6.2.4.1　强化松散对称模型的定义及其建模的人的认知特性

现在我们继续讨论拉普拉斯平滑的问题。前面已经提到这类方法对于参数 α 是敏感的，换句话说，我们对不同类数据之间相似性的预期对于该方法是否能较好地提高算法性能起到了决定性作用。但如果从人类认知事物的角度来思考这个问题，实际上在大多数简单的学习任务下，人对于一项事物预期的准确与否并不会明显影响他的学习效果，究其原因在于人能够通过归纳不同特征之间的因果关系来减少预期不准确带来的偏差。鉴于松散对称模型本质上表示了人认知不同事物之间因果关系的倾向性，我们考虑通过将松散对称模型与拉普拉斯平滑方法同时引入朴素贝叶斯算法，看看这样做是否能够提升拉普拉斯平滑方法对于参数 α 的鲁棒性。这类方法称为强化松散对称朴素贝叶斯算法，简称 eLSNB 算法，基于表 6.1，式 (6.7) 和式 (6.8) 给出了强化松散对称模型（eLS 模型）的定义。

$$\begin{cases} a_1 = \dfrac{a}{a+b} * \dfrac{a+\alpha}{a+b+2\alpha} \\[2mm] b_1 = \dfrac{b}{a+b} * \dfrac{c+\alpha}{c+d+2\alpha} \\[2mm] c_1 = \dfrac{c}{c+d} * \dfrac{c+\alpha}{c+d+2\alpha} \\[2mm] d_1 = \dfrac{d}{c+d} * \dfrac{a+\alpha}{a+b+2\alpha} \end{cases} \tag{6.7}$$

$$\begin{cases} P_{e\mathrm{LS}(w_j|c_i)} = \dfrac{a_1 + \dfrac{b_1 d_1}{b_1 + d_1}}{a_1 + b_1 + \dfrac{a_1 c_1}{a_1 + c_1} + \dfrac{b_1 d_1}{b_1 + d_1}} \\[6mm] P_{e\mathrm{LS}(c_j|w_j)} = \dfrac{a_1 + \dfrac{c_1 d_1}{c_1 + d_1}}{a_1 + c_1 + \dfrac{a_1 b_1}{a_1 + b_1} + \dfrac{c_1 d_1}{c_1 + d_1}} \\[6mm] P_{e\mathrm{LS}(\overline{w}_j|\overline{c}_i)} = \dfrac{d_1 + \dfrac{a_1 c_1}{a_1 + c_1}}{c_1 + d_1 + \dfrac{a_1 c_1}{a_1 + c_1} + \dfrac{b_1 d_1}{b_1 + d_1}} \end{cases} \tag{6.8}$$

用这种方法改进的朴素贝叶斯算法在小样本邮件分类问题下的表现如图 6.5 所示。

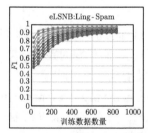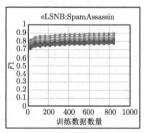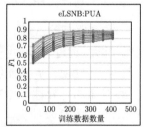

图 6.5　强化松散对称朴素贝叶斯算法的分类效果点线图

与图 6.2 对比可以看出，对于相同的参数 α 取值，强化松散对称朴素贝叶斯算法一般优于仅使用拉普拉斯平滑的朴素贝叶斯算法。同样地，这种提升在训练集是小样本且有偏差时最为明显，而随着训练集样本数量的增大，提升会变得较小。从图 6.5 还可以看出，强化松散对称朴素贝叶斯算法的表现对于参数 α 的变化相对而言并不敏感。可以说，通过进一步引入松散对称模型，加强了算法对于参数 α 的鲁棒性，提升了机器学习算法在小样本下的性能。

6.2.4.2　这一方法具备改进效果的数学依据

不难看出，拉普拉斯平滑和松散对称模型本质上虽然都是平滑方法，但它们是基于不同的原则对概率进行平滑修正的。拉普拉斯平滑引入均匀分布作为先验知识，而松散对称模型则引入人对于事物之间因果关系的认知倾向。从统计学的角度来说，这两种方法具备一定的独立性，将两种方法所得到的概率进行复合本质上是同时利用了数据集中的两类内在信息进行学习和判断，算法性能得到提升是可以预见的。

6.3　利用人的生理认知特性提升机器智能

本章第 6.2 节介绍了利用人的认知心理模型提升机器智能的方法，本节进一步讨论利用人的生理认知特性提升机器智能的可能性。该类方法的基本原理，是将人在处理与机器智能同样的任务时产生的生理认知特性，主要的包括人的可测量的脑电、心电和肌电信号等，引入到机器学习算法的训练过程中，从而指导和提升后者的训练效果[130-132]。

本节以利用人的脑电信号提升目标识别的支持向量机算法性能为例，对上述方法进行实例化的介绍。为此目的，第 6.3.1 小节首先简单介绍目标识别任务中人的脑电信号测量方法，进而第 6.3.2 小节介绍利用人脑视觉神经活动特点改进面向目标识别的支持向量机算法的方法。

6.3.1　目标识别任务中人的生理认知特性测量

现有脑科学研究表明，在人脑通过视觉信号进行目标识别时，识别目标的不同颜色、形状、远近等特性将对大脑皮层的不同区域产生不同程度的兴奋强度，这种刺激的特异性使得人脑能够对各种不同的视觉目标进行有效识别[35]。

上述刺激的特异性可由功能性磁共振成像（functional magnetic resonance imaging, fMRI）技术有效捕捉。例 6.1 中，利用 fMRI 技术，可在活体脑组织中无损地实时检测出兴奋区域及其兴奋程度，进而将其以图像的方式表达出来，如图 6.6 所示。其中关联性越强越偏深色，关联性越弱则偏浅色。这样，通过观察 fMRI 成像，就可以在相当的程度上反推出人脑的目标识别活动。

例 6.1　通过 fMRI 技术解读人脑活动

受试者观看面前不断快速交替出现的不同手写版本的多个字母 B、R、A、I、N 和 S，核磁共振成像扫描仪则实时观测受试者大脑枕叶中的反应。仅通过所得到的 fMRI 扫描图像，就可以通过训练的算法推断出受试者当前看的字母[133]，见图 6.6。

研究人员表示，枕叶是大脑的视觉处理中心，与视网膜接收到的视觉数据存在着一一对应的关系。通过观测枕叶的视觉刺激，不需要专门训练的算法就能够通过核磁共振成像数据重建那些字母。

进一步的，如果一个人在脑中想象某种事物，尽管并没有视网膜的视觉刺激，但通过观测枕叶的 fMRI 成像，也能够构建出人脑的所思所想。这样，通过 fMRI 技术，我们就可以在某种程度上解读人脑了。　　　　　　　◇

图 6.6　fMRI 技术解读人脑活动示意图

6.3.2　利用人脑视觉神经的活动特点改进支持向量机算法

支持向量机（support vector machine，SVM）是一种常用的分类算法[115]，在其设计中损失函数起关键性作用。研究表明，利用 fMRI 技术对损失函数修改可以提高支持向量机在少量训练样本下的图片分类精度。

6.3.2.1　支持向量机及其铰链损失函数

支持向量机是一类按监督学习方式对数据进行二元分类的广义线性分类器，其决策边界是对学习样本求解的最大边距超平面[115]。当分类样本特征具有非线性分布时，支持向量机通过使用核技巧成为实质上的非线性分类器。

考虑如下形式的 n 点测试集 $(\vec{x}_1, y_1), \cdots, (\vec{x}_n, y_n)$，其中 $y \in \{-1, 1\}$ 表示 $\vec{x}_i$ 所属的类，每个 $\vec{x}_i$ 都是一个 p 维实向量。要求找到所谓的"最大间隔超平面"，使得该超平面将所有测试点集分为两类（对应于 $y_i = 1$ 或 $y_i = -1$），并且使得该超平面到最近的点之间的距离最大化。

注意任何超平面都可以写作满足如下方程的点集：

$$\vec{w} \cdot \vec{x} - b = 0 \tag{6.9}$$

其中，$\vec{w}$ 是该超平面的法向量。参数 $\dfrac{b}{\|\vec{w}\|}$ 决定了从原点沿法向量 $\vec{w}$ 到超平面的偏移量。

如果训练数据线性可分，则可以选择分离两类数据的两个平行超平面，使得它们之间的距离尽可能大。在这两个超平面范围内的区域称为"间隔"，而最大间隔超平面就是位于它们正中间的超平面。不难得到，这两个超平面之间的距离是 $\dfrac{2}{\|\vec{w}\|}$。因此，要使得两个超平面之间距离最大，需要最小化 $\|\vec{w}\|$。同时，为了使得样本数据点都在超平面的间隔区之外，需要保证所有的 i 满足：

$$\vec{w} \cdot \vec{x}_i - b \geqslant 1, \quad 若\ y_i = 1 \tag{6.10a}$$

$$\vec{w} \cdot \vec{x}_i - b \leqslant 1, \quad 若\ y_i = -1 \tag{6.10b}$$

上述描述可进一步写为如下优化问题：

$$\min \quad \|\vec{w}\| \tag{6.11a}$$

$$\text{s.t.} \quad z \geqslant 1, \forall 1 \leqslant i \leqslant n \tag{6.11b}$$

其中，$z = y_i(\vec{w} \cdot \vec{x}_i - b)$。

上述优化问题的解决定了我们的分类器 $\vec{x} \longmapsto \text{sgn}(\vec{w} \cdot \vec{x} - b)$。注意最大间隔超平面完全由靠近它的那些 $\vec{x}_i$ 确定，这些 $\vec{x}_i$ 称为支持向量。

在一个分类问题不具有线性可分性时，使用超平面作为决策边界会带来分类损失，即部分支持向量不再位于间隔边界上，而是进入了间隔边界内部，或落入决策边界的错误一侧。此时，可以通过铰链损失函数（hinge loss，HL）[134] 对分类损失进行量化，弱化落入错误边界的特征在训练分类边界的权重，使分类特征距离分类边界最大化，即

$$\max(0, 1 - z) \tag{6.12}$$

如果 $\vec{x}_i$ 位于边距正确一侧，上述铰链函数值为 0，对与间隔错误一侧的数据，该函数的值与距离间隔的距离成正比。因此，通过最小化

$$\frac{1}{n} \sum_{i=1}^{n} \max(0, 1 - z) + \lambda \|\vec{w}\|^2 \tag{6.13}$$

就可以优化分类器的设计。其中，参数 λ 可用来调整增加间隔大小与确保 $\vec{x}_i$ 位于间隔正确一侧的关系。

支持向量机算法在寻找决策边界时由少数的支持向量决定，当这小部分的支持向量存在误差时，决策边界的选择容易受其干扰，从而影响分类精度。干扰产生的原因，既可能是因为在进行数据收集过程中的噪声，也可能是在数据处理中造成的有效数据丢失。小样本数据鲁棒性较差，易受上述干扰影响，使得支持向量机算法在此类应用中缺陷更明显。铰链损失函数一定程度上缩小了远离分类边界的样本特征对分类边界选取的影响，是在实际问题中常用的损失函数形式。

6.3.2.2 利用人脑的视觉神经活动权重对支持向量机算法进行改进

为了在小样本下提升支持向量机的分类效果，Fong 等[35] 通过引入人脑在目标识别时的 fMRI 图像和对其的分析来改造标准的铰链损失函数。在这一方法中，人脑也对训练图像进行识别，并同时记录人脑识别时的相应 fMRI 成像数据。如前所述，fMRI 成像可以有效地标识所识别的目标 x 及其信心（脑部相应区域的兴奋强度，以 c_x 表示），这一信息通过如下的活动加权损失 (activity weight loss, AWL) 函数融入支持向量机的训练中：

$$\varphi_h(x, z) = \max(0, (1 - z)M(x, z)) \tag{6.14}$$

其中，活动权重 $M(x, z)$ 作为 fMRI 成像信息中的视觉刺激 c_x 的函数，表示如下：

$$M(x, z) = \left\{ \begin{array}{ll} 1 + c_x, & z < 1 \\ 1, & z \geqslant 1 \end{array} \right. , c_x \geqslant 0 \tag{6.15}$$

注意在式 (6.15) 中，$M(x, z)$ 将与人脑 fMRI 成像分类不一致的测试点 x 施加了额外 c_x 倍的惩罚。通过把人的生理认知特性引入到支持向量机算法的训练过程中，有望对算法性能进行有效的提升。

6.3.2.3 实验验证

在实验中[35]，针对人类、动物、场所、食物四类测试图片收集受试者的 fMRI 成像数据，并将测试样本到分类边界的距离作为活动权重的值，然后利用获取到的活动权重对铰链函数按式 (6.14) 和式 (6.15) 进行调整。

实验证明，基于 AWL 损失函数的分类精度比传统的基于铰链损失函数的分类精度有了显著提高，表明利用直接来自人脑的信息测量得出的活动权重可以帮助机器学习算法做出更好的决策，显示出人机混合智能系统的巨大潜力。

尽管上述研究基于视觉对象识别和 fMRI 数据，但其基本思想并不限于特定的人和机器的智能形态，因此具有广泛的适用可能和极大的应用潜力。

6.4　本章小结

在前文中我们已经指出，人机混合智能很可能是未来主流的智能形式。本章的讨论则进一步说明，即便对于单纯的机器智能，通过引入人的不管是认知心理模型还是认知生理信号，都有可能进一步提升其智能水平。这使得人机混合智能系统的内涵更为丰富，外延大大扩展。而从本章对典型例子的讨论可以看出，相关领域的研究方兴未艾，值得相关领域的研究者密切关注。

第 7 章　人在环上：人的介入增强 AI 系统可靠性

本章摘要

以深度学习为基础的人工智能技术具有可解释性差、鲁棒性弱等缺点，使得相关技术在要求严苛的自动化控制领域难以发挥有效作用。受人机混合智能系统的介入控制方法启发，本章研究一种通过人的介入提升 AI 系统可靠性的方法框架，以期拓展人工智能技术在低容错、高精度等要求严苛领域的可能应用。

本章第 7.1 节首先指出低容错、高精度领域增强 AI 系统可靠性的必要性和重要性，第 7.2 节进而讨论利用人的介入增强 AI 系统可靠性的基本思路和方法框架，并在第 7.3 节将该方法应用于珍珠分拣领域验证其有效性。♡

7.1　增强 AI 系统可靠性的必要性和重要性

第 7.1.1 小节首先讨论对 AI 技术未来发展中可靠性的要求，第 7.1.2 小节进而指出现有的技术框架难以应对这一要求，这是本章讨论人的介入增强 AI 系统可靠性的主要原因。

7.1.1　对 AI 系统可靠性的要求

在第 1.2.2 小节，我们已经讨论了以深度学习为基础的 AI 技术应用于自动化控制时面临的挑战和局限。在本小节我们进一步讨论具有低容错和高精度要求的 AI 系统对系统可靠性的要求，这一要求的难以实现引发了本章的研究初衷。

7.1.1.1　低容错 AI 系统的高鲁棒性要求

所谓低容错 AI 系统，是指对 AI 系统犯错容忍度较低的系统，主要原因往往由于犯错的成本或代价高昂。自动驾驶系统是低容错 AI 系统的典型例子，具体如例 7.1 所示。事实上，在图 1.6 中我们通过与刷脸支付进行对比，已经指出具有低容错要求的自动驾驶系统的交通标志识别存在本质的困难。引发这种困难的原因，就在于识别错误所带来的安全性代价太过巨大，而任何基于深度学习的交通标志识别技术都难以保证 100% 的准确性。

> **例 7.1　开放环境下的鲁棒性是自动驾驶技术的关键要求**
>
> 　　最近几年，时不时传来某自动驾驶汽车路测的新闻，似乎在大众媒体层面自动驾驶的未来已来。但业界远没有如此乐观。汽车运行在开放的道路环境中，又对于运行的安全性要求极高。这两点都是对缺乏解释性和鲁棒性的深度学习方法的极大挑战。在受控封闭环境下汽车自动驾驶并非什么无法解决的难题，十多年前就已经有成熟可靠的解决方案，但要自动驾驶真正成为商业可行的，甚至直接取代人类驾驶员的无人驾驶，保证开放环境下技术的鲁棒性是其中关键性的挑战，这一问题在目前的技术架构下仍存在本质的困难。如图 7.1 所示，常规情况下的清晰视频在摄像头识别时就可能出现错误，而在天气恶劣如大雾情况下，运动模糊则对大多数算法提出了挑战。　　　　　　　　　　　　　　　　　　　　　　　　　　　　◇

图 7.1　车辆图像受不同天气和摄像头参数影响，造成识别困难

　　因此，若要使 AI 技术在低容错系统得到广泛应用，必须保证系统设计中极高的鲁棒性，或者 AI 技术保证自身达到极高的不犯错的可靠性，或者至少在犯错时提供警告以便系统能够提前应对。

　　（1）低容错 AI 系统的鲁棒性应能够对抗开放环境下的噪音干扰和环境变化等不确定性。开放环境不可避免带有不可控的不确定性，对这些不确定性提供可靠解决方案是 AI 技术应用于低容错领域的首要要求。比如，自动驾驶系统的交通标志识别技术在应用之初便应该保证其在恶劣天气、不同车速、不同距离和角度等条件下识别的准确度。

　　（2）低容错 AI 系统的鲁棒性应能够对抗开放环境下的敌对攻击。众所周知，深度学习技术在面向恶意攻击时具有令人忧心的脆弱性，比如，在图像上添加人类无法辨识的细微扰动便可欺骗模型[135]，导致停车标志被误识[136]、熊猫认成长臂猿[137]、汽车识别成狗[138]，等等。对这种攻击危险性的担忧是对自动驾驶技术的未来怀有悲观看法的主要原因之一。

7.1.1.2 高精度 AI 系统的高准确性要求

所谓高精度 AI 系统，是指对系统的准确性要求极高的系统，见例 7.2、例 7.3。这里对高精度的要求，可能出于对犯错成本和代价的顾虑，也可能只是更高精度会带来更好的收益[139,140]。高精度要求与低容错要求并不互斥，但也并不相同。高精度的 AI 技术往往有助于低容错要求，但一个精度不高的对所有犯错场景都能提前预知警告的 AI 技术在低容错领域也是可以适用的。

高精度 AI 系统的高准确性要求在现有基于深度学习的技术框架下并不容易满足。这是因为，后者准确度的提升极大依赖大量训练数据的获取和高效算法的开发，但很多高精度 AI 系统可能并不具备提供大量训练数据的天然条件，或者由于其他的某些原因如系统动态的演化和环境的变化等，难以在实用中训练出具有足够精度的算法。这是我们在本章讨论人的介入以提升 AI 算法精度的重要原因。

例 7.2　AI 系统准确性对智慧农业发展影响大

农业关系到每个人的利益，关系到人们的日常饮食生活，AI 赋能农业发展是大势所趋。目前，在作物育种方面，AI 技术已经可以帮助筛选更好的基因，提高作物育种的效率和精准度，这是 AI 技术发展带来的优势；在作物保护方面，利用 AI 技术对水稻、小麦等作物进行病虫害诊断，大幅减少人工对作物进行逐一排查的时间和人力成本，AI 技术准确性的进一步提升将更有效降低病虫害带来的损失。　◇

例 7.3　表面瑕疵检测对 AI 系统准确性要求高

表面瑕疵检测是精密零部件质量检测环节极其重要的一个步骤，检测过程中涉及平面度、表面是否存在瑕疵、边框是否整齐、工件表面亮度等，器件表面出现瑕疵会极大影响到产品的使用性能、安全和可靠性。深度学习技术可以对零部件表面瑕疵进行检测，大大减少人的劳力，但如果深度学习技术的准确性达不到所要求的标准，那么反而会造成零部件检测效率降低，带来经济和信誉的双重损失。　◇

7.1.2　现有技术框架难以从本质上保证 AI 系统的可靠性

现有对 AI 系统可靠性的研究和提升，主要在深度学习的基本框架内进行，总的来讲成效不大，难以满足广泛应用时对 AI 技术的高可靠要求。

比如，开放环境下的噪声一般是由多种成分复杂累加，导致图像去噪任务非常困难，不管是采用模型驱动还是数据驱动的方法，处理效果都有局限性[141]。

在防范对抗攻击方面，梯度遮掩方法（gradient masking）使用了将模型梯度变为不可计算或者不可求导的方式来遮掩模型的梯度，使得对抗攻击的算法无法找到合适的扰动方向[142]，从而避免常规的基于梯度的攻击方法。然而，这种方法已被证实只是提供了一种虚假的防御成功的错觉。即使将被攻击模型视为"黑箱"，攻击者也可通过训练替代模型的方式构造出对抗样本[143]，从而成功对模型进行攻击。后来提出的防御性蒸馏方法[144] 可以通过降低分类器对输入扰动的敏感度来生成更平滑的分类器模型，从而防御常见的对抗攻击。该方法一度非常流行，但很快被证明仍利用了梯度遮掩的技术，Carlini 等[145] 通过构建新的攻击方式成功骗过了这类防御模型。目前性能最好的启发式防御算法—对抗训练 (adversarial training)，利用数据扩充方法，将对抗攻击方法产生的对抗样本加入到训练集中进行模型训练，在一定程度上提升了模型的防御能力，但此方法在面对迭代攻击时依旧是脆弱的。

算法准确性主要依赖数据量和随之而来的计算能力[146,147]，随着数据量的增大，算法准确性也随之增强。但很多应用中难以获取代价昂贵的大规模标注数据[148]，而从无标注数据里进行学习的无监督学习和半监督学习等方法的发展尚不成熟。从另一方面讲，可以通过训练更大更深的网络实现更好的训练结果[149]，但网络深度过深也会造成模型饱和从而限制深层网络的学习，同时对计算资源和时间成本的要求也大量增加[150]。

7.2　人的介入增强 AI 系统可靠性的思路和方法框架

本节首先介绍人的介入增强 AI 系统可靠性的基本思路，进而探讨其基本框架。

7.2.1　人的介入增强 AI 系统可靠性的基本思路

在医学图像诊断和自动驾驶等特定领域，人们已经认识到人的介入可以有效克服现有 AI 系统的局限，提升其可靠性。例如，2016 年一项关于淋巴结细胞图像癌症检测的研究显示[151]，AI 检测系统和人类专家的结合可将两种方法单独使用时分别为 7.5% 和 3.5% 的错误率降为 0.5%，极大提升了检测准确度。再比如，完全基于 AI 图像识别的交通标志识别难以应对对抗攻击[136]，将人类驾驶员保持在驾驶的闭环，随时在自动驾驶系统出错时接管驾驶，成为当前自动驾驶系统的一个必要特征。

上述人的介入方法的关键，是充分利用人所擅长的能力，补足 AI 系统所不擅长的部分，从而提升系统整体的可靠性。可以理解，将人的因素引入到 AI 系统中提升其可靠性，在技术上首要和关键的问题是对 AI 系统何时犯错给出可信的评估，解决了这一点，系统的设计便简单了。但上述关键要求也正是引发方法上困难的地方。因为深度学习本身的缺乏解释性，对其预测结果是否可靠的评估在其本身技术框架内是缺失的。单纯依赖深度学习方法自身提供对预测结果的置信度在技术上存在着巨大的挑战。

面对上述技术困难，本章关心一种在技术上要求较低、在实际中却可以有较大成效的实用方法。这一方法的思想来源于人机混合智能系统共享控制中的"仲裁"概念：在人机系统中人和机器都可以对系统的运行做出独立的决策，而实际采用的决策通过对这两个独立决策的"仲裁"得来。类似的，我们针对 AI 系统提供额外的辅助 AI 算法，从两个 AI 算法预测上的分歧来判断 AI 系统的预测是否出错。如果两个独立的 AI 算法都给出了同样结果，有信心认为 AI 系统当前预测是正确的；而如果两个 AI 算法产生了分歧，则有理由认为 AI 系统当前预测的准确性需要慎重评估。

7.2.2　人的介入增强 AI 系统可靠性的基本框架

按照第 3.1 节所提出的人机混合智能系统的介入控制的概念性定义和形式化描述，本章研究如图 7.2 所示的人的介入增强 AI 系统可靠性的方法框架，即通过两个 AI 系统的分歧驱动人的介入，从而提升整体系统性能。

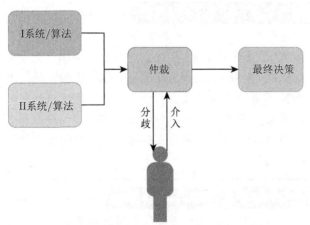

图 7.2　人的分歧介入方法框图

在该方法框架中，两种独立运作的 AI 算法同时作用于目标系统，各自产生自己的预测输出，在二者的预测输出产生某种程度的分歧时，对该任务更为擅长的人介入纠正预测输出。

可以看出，在这一方法框架中，核心问题在于确定人的介入时机。介入时机的准确度主要受两个因素影响，一是两个 AI 算法的分歧是否正确反映了算法预测的准确性，不管是算法预测错误但没有分歧产生，还是算法预测正确但产生了分歧，都表示分歧产生机制设计的不良；二是通过两个 AI 算法分歧程度驱动人的介入的判断是否准确，在分类任务中往往不是问题，只要两个算法的预测类别不同一般便可认为需要人的介入，但在非分类任务中，图 7.2 所示的方法框架需要通过分歧程度来判断是否需要人的介入，这一判断的准确与否将极大影响方法的准确度和效率。

对于第一个因素，设计中对两种 AI 算法的选择应考虑两条主要原则，一是任一 AI 算法都应保证自身较高的准确性，否则较差的 AI 算法所产生的分歧难以作为是否需要人的介入的有效标准；二是两种 AI 算法应保证尽可能大的独立性，否则相近的两种算法极易产生同样的错误而无法制造分歧。

对于后一因素，一般方法是使用某一阈值来判断分歧的程度是否需要人的介入。这样，自然产生的技术问题就是阈值如何选取问题，过大的阈值会将本应交给人的介入的分歧视而不见，影响系统的准确性；过小的阈值则会将无必要的分歧也交由人来处理，增加系统的运行成本。

例 7.4 和例 7.5 分别讨论了上述方法在提升图像分类准确性和提升自动驾驶系统鲁棒性中的应用，第 7.3 节进一步将该方法应用于珍珠分拣问题，用于提升分拣的准确性。

例 7.4   人的介入提升图像分类准确性

在图像分类任务中，Fridman 等[107] 选用 ResNet-50 模型和 VGG-16 模型分别作为主 AI 系统和辅助 AI 系统，进行独立训练达到相当精度，利用图 7.2 所示的方法框架在 ImageNet 数据集进行训练和测试，并保证两个 AI 系统在运行期间不会产生信息交互。两个 AI 系统根据相同的输入图片给出各自的预测结果，实验中对占整个验证集 23.3% 的分歧图片引入人的介入。按照所给的错误率标准，实验表明图 7.2 所示的方法框架可将错误率由 8.0% 降低到 2.8%。   ◇

例 7.5   人的介入提升自动驾驶系统鲁棒性

如前所述，自动驾驶系统对设计的鲁棒性要求极高，然而，纯以深度学习为基础的自动驾驶技术对复杂开放环境下的不确定性和恶意攻击等难以完美处理。Fridman 等[107] 提出了类似于图 7.2 所示方法框架的一种人机共驾的可能解决方案。

在实验中，选择特斯拉的自动驾驶系统 Autopilot 作为主 AI 系统，另外的 AI 系统则单独训练。在本例中 AI 系统的预测输出是转向角度等连续值，需要设置合适的阈值来判定分歧是否导致人的介入（具体的阈值选取工作见[107]）。最终实验结果表明所有人工标注的危险驾驶行为中 90.4% 可以被这一人的分歧介入方法检测出，验证了方法的有效性。 ◇

7.3 人的介入提升珍珠分拣准确性

人工养殖的珍珠一般都需要先按其品质分为不同等级后再行出售，高等级的珍珠混有低等级珍珠会影响企业声誉，而低等级珍珠错分为高等级则引发不必要的额外成本，这对分类的准确性提出了要求。

传统上珍珠是通过手工分拣的，但对大量珍珠进行手工分拣，无疑是低效和成本高昂的，并且数量增多和分拣者的疲劳，手工分拣的准确性也容易受到个体影响。依靠深度学习方法训练的自动分类系统已经达到了 92.57% 的分拣精度[152]，但这对企业要求来讲仍然是不够的。

面向这一问题，本节提出一种图 7.2 所示的人的介入提升 AI 系统准确性的方法。我们首先在第 7.3.1 小节 介绍方法和实验设置，然后在第 7.3.2 小节 介绍模型的训练方法，最后在第 7.3.3 小节 展示实验结果。

7.3.1 方法和实验设置

7.3.1.1 珍珠数据集

我们采用 Xuan 等[152] 给出的珍珠数据集，该数据集包含 10500 颗珍珠拍摄而成的 52500 张带有标签信息的图像，按 6:2:2 的比例分为训练集、验证集和测试集，即训练集有 31500 张图像、验证集有 10500 张图像和测试集有 10500 张图像。

按较为粗糙的分类标准这些珍珠可大致分为两类：一类形状扁平或带明显瑕疵；另一类则较圆润且较少瑕疵。按更为精细的分类标准，第一类较差的珍珠分类又可分为三个小类：① 具有多个平面的珍珠；② 形状对称的珍珠；③ 其他珍珠。第二类较好的珍珠分类又可分为四个小类：① 短半径与长半径之比大于 0.7 的珍珠；② 颜色浅淡的珍珠；③ 隐含斑点的珍珠；④ 其余珍珠。该珍珠数据集对每一张珍珠图片有按上述七个小类的分类标签。

7.3.1.2 实验方法

如前所述，两种 AI 算法的选择要尽量保证其高准确性和二者之间的独立性。从这一考虑出发，我们在实验中将目前主流的 ResNet-50 模型和 SE-ResNet-50 模型设置为系统分歧的两种算法。

我们认为训练有素的人在非疲劳情况下对珍珠种类判断的准确度近乎 100%，这符合实际情况，也是所提出人的介入方法有效的一个本质原因。

在实验中，首先由两种 AI 算法对同一珍珠进行分类，如果分类相同，则相信 AI 算法的分类结果；如果分类不同，则将该珍珠交由人进行检查判定。由上述假定可知，凡是交由人做进一步判定的珍珠最终的分类结果都是正确的。

7.3.2　独立网络模型的搭建及训练

模型训练过程中，通过尝试选定学习率为 0.0001，单批次训练样本为 32、48、64，则 ResNet-50 模型和 SE-ResNet-50 模型的训练结果分别如表 7.1 和表 7.2 所示。

表 7.1　ResNet-50 模型训练结果

epoch ＼ batchsize	32	48	64
1	78.62	76.77	78.41
2	83.71	85.93	85.23
3	84.50	85.36	85.50
4	85.68	80.77	84.88
5	85.25	86.40	87.54
6	86.34	89.60	90.92
7	90.48	91.61	88.87
8	90.19	89.70	92.36
9	91.37	91.34	91.47
10	90.99	90.96	92.28
最优模型	91.84	92.02	92.69

表 7.2　SE-ResNet-50 模型训练结果

epoch ＼ batchsize	32	48	64
1	76.56	77.23	78.97
2	83.40	84.70	83.96
3	85.92	86.60	87.35
4	86.33	88.90	88.60
5	88.95	87.23	87.18
6	87.68	90.19	88.48
7	90.33	87.73	89.98
8	89.70	90.51	90.39
9	91.24	90.20	92.60
10	91.67	91.43	92.01
最优模型	92.25	92.33	92.55

我们将训练出的最优模型保存下来供后续使用。另外，我们也训练了 VGG-16 模型，其在 batchsize 为 32 时在测试集上准确率可达 91.29%。

7.3.3 基于人的分歧介入方法的珍珠分拣实验结果

选用不同 batchsize 下 ResNet-50 和 SE-ResNet-50 的最优训练模型作为我们方法的两种独立 AI 算法，实验结果整理为表 7.3。其中，"人工监督率"定义为人工监督的图像数量在整个测试集图像中的占比，"总系统准确率"定义为使用我们提出的系统分歧和人的介入方法后的分类准确率。

表 7.3　人的介入提升珍珠分拣准确性的实验结果

batchsize	ResNet-50 准确率/%	SE-ResNet-50 准确率/%	人工监督图像数量	人工监督率/%	总系统准确率/%
32	91.84	92.25	820	7.81	96.27
48	92.02	92.33	801	7.62	96.36
64	92.69	92.55	842	8.02	96.48

如表 7.3 所示，利用我们所提出的人的介入方法，通过大约 8% 的人工监督率，可将分类准确率提升约 4%，这对珍珠分拣这一场景具有一定的实用价值。

为了验证 ResNet-50 模型和 SE-ResNet-50 模型的分歧确实找出了 AI 系统分类错误的部分，我们进一步对比人的分歧介入方法和随机产生等量的珍珠交由人做判断的所谓随机监督方法所带来的准确性改变，并额外考虑了 VGG16 模型，列为表 7.4。从表中可以看出，人的分歧介入方法相较于随机监督方法在准确性上有明显提升，这表示了两种独立 AI 系统的分歧确实更有效地找出了 AI 系统的分类错误，随之由人进行校正。

表 7.4　独立 AI 系统的分歧与随机监督对分类准确性提升的对比

模型	ResNet-50/%	SE-ResNet-50/%	VGG16/%	随机监督/%	人的分歧介入方法/%
1	91.84	92.25	—	92.87	96.27
2	91.84	—	91.29	92.73	96.15
3	—	92.25	91.29	93.03	96.16

7.4　本章小结

本章所提出的人的介入提升 AI 系统可靠性的方法利用人机系统中介入方法解决非人机系统中的技术难题。在机器可正常起作用时交由机器智能负责，而在机器智能出现问题时允许人的智能强制剥夺机器的自主性。这一方法应用表现出人机混合智能系统研究强大的生命力，其应用范畴甚至超出了自身范围，对其他领域输出了自己的价值。

第 8 章　人在环内：基于 POMDP 的共享自主

本章摘要

在人机混合智能系统中，环境、人、机器及其相互之间的交互广泛存在不确定性，人与机器的状态和行为也往往难以全面准确观测，这使得部分可观马尔可夫决策过程（POMDP）模型成为人机共享自主场景中解决很多问题的常用工具。本章对基于 POMDP 实现人机混合智能系统的共享自主进行概要性的介绍。

本章第 8.1 节首先介绍 POMDP 的模型组成和模型求解的基本概念，第 8.2 节通过典型实例展示 POMDP 如何用于人机共享自主领域，第 8.3 节进一步讨论基于 POMDP 的共享自主方法在人机系统中缺乏信任和过度信任基本问题中的应用。　♡

8.1　POMDP 模型及其求解

部分可观马尔可夫决策过程（partially observable Markov decision process, POMDP）是状态不完全可观测下不确定决策的有效工具，该模型是马尔可夫决策过程（Markov decision process, MDP）和隐马尔可夫模型的结合，前者用于建模不确定的系统动态，后者用于将未观察到的系统状态与观测结果联系起来[153]。为了读者阅读的方便，本节简要介绍 POMDP 的模型表示和模型求解的基本内容，熟悉本部分内容的读者可直接跳至第 8.2 节。

8.1.1　POMDP 模型表示

POMDP 模型一般可由七元组 $(S, A, T, R, \Omega, O, \gamma)$ 表示，以状态和动作空间有限的情况为例将各符号的说明列为表 8.1。

在每一个决策时间步上，智能体以累积回报最大化为目标选择合适的动作 $a \in A$，使得系统以概率 $T(s'|s, a)$ 从当前状态 $s \in S$ 转移到下一状态 $s' \in S$，同时智能体以条件概率 $O(o|s', a)$ 接收到依赖 s' 和 a 的观察 $o \in \Omega$，上述操作使智能体得到回报（奖励或惩罚）$R(s, a)$。重复执行上述步骤直到满足提前设置的终止条件。

表 **8.1** **POMDP** 模型七元组 $(S, A, T, R, \Omega, O, \gamma)$ 符号说明

符号	数学表示	代指含义	说明
S	$S = (s_0, s_1, \cdots, s_L)$	系统的状态空间	状态随动作发生符合马尔科夫性质的改变，所有状态的集合构成状态空间
A	$A = (a_0, a_1, \cdots, a_M)$	系统的动作空间	动作描述智能体行为，所有可能动作的集合构成动作空间
Ω	$\Omega = (o_0, o_1, \cdots, o_N)$	系统的观察空间	观察信息用于判断不能直接被观察到的系统状态
T	$T(s, a, s') = P(s_{t+1} = s' \mid s_t = s, a_t = a)$	状态转移矩阵	转移矩阵描述了动作对系统状态的符合马尔可夫性质的影响：在状态 s 采取动作 a，下一时刻系统所处的状态由状态转移概率 $p(\cdot \mid s, a)$ 决定
O	$O(s', a, o) = P(o_{t+1} = o \mid a_t = a, s_{t+1} = s')$	观察矩阵	观察矩阵的每个元素 $p(o \mid a, s')$ 是智能体选取行动 a 下一步转移到状态 s' 的条件下观察信息是 o 的概率
R	$R(s, a)$	回报函数	回报函数描述控制目标：在状态 s 采取动作 a，则获得即时回报（奖励或惩罚）$R(s, a)$
γ	$\gamma \in [0,1]$	折扣因子	折扣因子折中即时回报和未来收益：γ 越小，则未来收益占比越小

　　例 8.1 以常见的老虎问题（tiger problem）为例[153]，介绍 POMDP 模型在建模状态不完全可观测的不确定决策问题中的具体应用。

例 8.1　老虎问题的 POMDP 模型表示

　　考虑如下经典的老虎问题：环境包括左右两扇门和一只老虎，老虎可能在左门后、也可能在右门后（老虎在两扇门后的初始化概率均为 0.5），人需要进行决策：选择开左门、开右门或者听这三个动作其中之一。如果人选择了听，会获得用于更新自己对所听门后有老虎的置信度的信息，以助于自己更好地选择开哪扇门，同时也会付出选择听这一动作的代价。如果人选择了开门，若门后没有老虎则挑战成功、获得奖励；反之挑战失败、获得惩罚。若门被打开，则问题重置，老虎随机出现在其中一扇门后。老虎问题的终止条件可以设为"一旦门被打开就结束"或者"最大决策步数为 N"，目标是累积回报最大化。

　　为建模该场景，我们注意到：① 当前时刻老虎所处位置的概率只与上一时刻老虎所处位置的概率及人选择的动作有关，符合马尔可夫决策过程的无后效性特征；② 我们无法获知老虎的精确位置，但是可以通过带噪声的传感器信息来推断目标，模型需要容纳这种不确定性。因此，针对经典老虎问题建立 POMDP 模型并求解是合适的方法，模型中各符号的具象化含义可见表 8.2，其中具体数值仅供示例说明。　　　　　　　　　　◇

表 8.2　老虎问题的 POMDP 模型七元组表示

符号	数学表示	代指含义	说明
S	$S = (s_0, s_1)$	状态空间	s_0：老虎在左门后 s_1：老虎在右门后
A	$A = (a_0, a_1, a_2)$	动作空间	a_0：听，获得的信息用于更新老虎所处位置的信念 状态，不改变老虎的位置；a_1：开左门；a_2：开右门
Ω	$\Omega = (o_0, o_1)$	观察空间	o_0：听到老虎在左门后 o_1：听到老虎在右门后
T	$T(s, a, s') = P(s_{t+1} = s' \mid s_t = s, a_t = a)$	状态转移矩阵	T 的典型取值：$T_{a_0} = \begin{bmatrix} 1.0 & 0.0 \\ 0.0 & 1.0 \end{bmatrix}$ $T_{a_1} = \begin{bmatrix} 0.5 & 0.5 \\ 0.5 & 0.5 \end{bmatrix} T_{a_2} = \begin{bmatrix} 0.5 & 0.5 \\ 0.5 & 0.5 \end{bmatrix}$ 注意动作"听"不改变状态，因而其对应的状态 转移概率为 0、状态保持概率为 1；门被打开则 问题重置，因而其对应的状态转移概率均为 0.5
O	$O(s', a, o) = P(o_{t+1} = o \mid a_t = a, s_{t+1} = s')$	观察矩阵	O 的典型取值：$O_{a_0} = \begin{bmatrix} 0.85 & 0.15 \\ 0.15 & 0.85 \end{bmatrix}$ $O_{a_1} = \begin{bmatrix} 0.5 & 0.5 \\ 0.5 & 0.5 \end{bmatrix}$, $O_{a_2} = \begin{bmatrix} 0.5 & 0.5 \\ 0.5 & 0.5 \end{bmatrix}$ 注意因为开门动作之后问题重置， 所以其对应的概率均为 0.5
R	$R(s, a)$	回报函数	$R_{a_0} = \begin{bmatrix} -1 & -1 \end{bmatrix}$, $R_{a_1} = \begin{bmatrix} -100 & +10 \end{bmatrix}$ $R_{a_2} = \begin{bmatrix} +10 & -100 \end{bmatrix}$
γ	$\gamma \in [0,1]$	折扣因子	0.95

8.1.2　POMDP 模型求解

在 POMDP 模型求解中，一般通过引入信念状态 $b = [b(s_1), \cdots, b(s_L)]$ 描述隐藏的内部状态的概率分布[154]，下一时刻的信念状态 b' 可以通过贝叶斯公式利用当前时刻的信念状态 b、动作 a 和观察 o 来更新：

$$
\begin{aligned}
b'(s') &= P(s' \mid b, a, o) \\
&= \frac{P(o \mid b, a, s') P(s' \mid b, a)}{P(o \mid b, a)} \\
&= \frac{P(o \mid a, s') \sum_{s \in S} P(s' \mid b, a, s) P(s \mid b, a)}{P(o \mid b, a)} \\
&= \frac{O(s', a, o) \sum_{s \in S} T(s, a, s') b(s)}{P(o \mid b, a)}
\end{aligned}
\tag{8.1}
$$

其中

$$P(o|b,a) = \sum_{s'} O(s',a,o)P(s'|b,a)$$
$$= \sum_{s'} O(s',a,o) \sum_s T(s,a,s')b(s) \tag{8.2}$$

给定策略 $\pi \in A$ 和初始信念状态 b_0，期望回报 $V^\pi(b_0)$ 可写作：

$$V^\pi(b_0) = \sum_{t=0}^\infty \gamma^t \mathbb{E}[R(s_t,a_t|b_0,\pi)] \tag{8.3}$$

通过最大化 $V^\pi(b_0)$ 即可得到最佳策略 π^*：

$$\pi^* = \arg\max_\pi V^\pi(b_0) \tag{8.4}$$

POMDP 的求解通常需要根据整个历史来选择要执行的动作，这一求解过程受到"维数诅咒"和"历史诅咒"的影响，在实际中往往难以进行，因此发展了一些离线或在线的近似规划算法，如分支限界裁剪法、蒙特卡罗采样法和启发式搜索法[155]，等等。

根据现有文献，目前最先进的离线 POMDP 求解器采用的算法是 SARSOP 算法[156]，它为每一种可能的信念状态离线计算最优动作。部分可观察蒙特卡洛规划 (POMCP)[157] 和 DESPOT[158] 是目前最快的在线 POMDP 求解算法。POMCP 算法包括在每个时间步选择操作的 UCT 搜索和更新智能体的信念状态的粒子滤波器，蒙特卡洛采样使得 POMDP 信念状态更新和规划过程中的维数诅咒得到了有效的缓解。

8.2　基于 POMDP 的人机共享自主典型实例

如前所述，人机混合智能系统中人的智能和机器智能在决策层面上进行协作和竞争，当存在不可观测的状态时（特别如人的意图等），POMDP 就成为建模该系统的合理工具，而共享自主策略的求解就转化为对 POMDP 最优策略的求解。这一领域已经有了一定的初步研究，比如，Jean-Baptiste 等[159] 利用 POMDP 模型为认知障碍人员设计辅助系统，Lam 等[160] 利用 POMDP 建模人机共驾系统保证车辆不偏离车道，等等。

本节以两个实际例子展示 POMDP 如何应用于人机共享自主问题中。在第 8.2.1 小节中，我们将 POMDP 应用于驾驶辅助系统中，实现了在危险情况下驾驶辅助系统对汽车驾驶权的接管；在第 8.2.2 小节中，我们将 POMDP 应用于智能学习辅助系统，通过切换学习者和智能学习辅助系统对学习内容的选择自主权来提升学习效果。从人机混合智能系统的介入控制和共享控制的角度来看，前者是人对机器的介入控制，后者是人与机器的共享控制。

8.2.1 利用 POMDP 实现汽车车道保持的共享自主

考虑例 8.2 中的车道保持驾驶辅助系统建模问题。

例 8.2   基于 POMDP 的车道保持驾驶辅助系统建模

考虑作为现有驾驶辅助重要功能之一的驾驶员异常监测和在此基础上的车道保持功能。为有效实现这一功能，单独监测车辆状态或驾驶员状态是不够的，一方面，驾驶员有意识的变换车道并不造成安全风险；另一方面，单纯驾驶员的异常状态也并不必然与车道偏离相关。在这一驾驶辅助功能实现中，有必要将驾驶员和车辆状态放入同一框架下进行考虑。

为建模该系统，我们注意到：① 车道偏离的警示主要与车辆运行的前一时刻相关，这种无后效性特点是马尔可夫决策过程的典型特征；② 驾驶员和车辆状态应该同时在模型中体现；③ 驾驶员的意图或生理状态难以精确测量，模型需要容纳这一观测的不确定性。从上述观察可知，基于 POMDP 的人机系统模型是建模该驾驶辅助系统的合适框架。   ◇

在 POMDP 框架下，基于驾驶员异常监测的车道保持系统可建模为图 8.1，其中状态空间、动作空间和观察空间定义如表 8.3 所示。

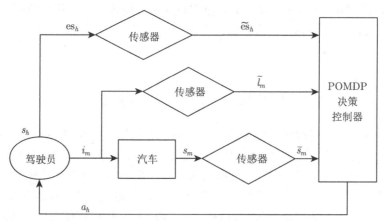

图 8.1   基于 POMDP 的车道保持驾驶辅助系统模型框图

在图 8.1 中，驾驶员难以直接观测的内部状态 s_h（驾驶意图或生理状态等）通过可观测的外部状态或行为 es_h 表现出来，而 POMDP 决策控制器基于传感器观测到的驾驶员的观测外部状态 $\widetilde{es}_h$、驾驶员对车辆施加的观测操控动作 $\tilde{i}_m$ 和汽车的观测状态 $\tilde{s}_m$ 产生对驾驶员车道保持的警示 a_h，以确保驾驶安全。

表 8.3 车道保持驾驶辅助系统（例 8.2）的状态空间、动作空间、观察空间

符号	定义	说明
S	$s_h \in S_h = \{清醒, 犯困\}$ $es_h \in ES_h = \{睁眼, 闭眼\}$ $s_m \in S_m = \{-2, -1, 0, +1, +2, 偏离\}$ $i_m \in I_m = \{向左, 直行, 向右\}$	S_h：隐藏的人类内部状态集合 ES_h：人类外部状态或行为表现的集合 S_m：车辆状态的集合，如位置、速度等 I_m：人类对机器施加的控制输入
A	$a_h \in A_h = \{提醒, 不提醒\}$	A_h：控制器输出的对人类的 反馈集合（如提醒或警告）
Ω	$\widetilde{es}_h \in O_{es_h} = \{睁眼, 闭眼\}$ $\widetilde{i}_m \in O_{i_m} = \{向左, 直行, 向右\}$ $\widetilde{s}_m \in O_{s_m} = \{-2, -1, 0, +1, +2, 偏离\}$	O_{es_h}：观察到的人类外部状态或行为的集合 O_{i_m}：观察到的人类对机器施加的控制输入 O_{s_m}：观察到的机器状态集合

模型的回报函数 R 以系统的安全性和效率为主要目标，可定义如下：

$$R(s_m, a_h) = R_1(s_m) + R_2(a_h)$$

其中，$R_1(s_m)$ 表示对车辆位置的回报，$R_2(a_h)$ 表示对警示 a_h 的惩罚，各自定义见表 8.4。注意其中的数值依据经验直接给出，真实环境下需要进一步明确和测量相关数据。

表 8.4 例 8.2 中回报和惩罚函数的定义

s_m	-2	-1	0	1	2	偏离
$R_1(s_m)$	5	10	20	10	5	0

a_h	提醒	不提醒
$R_2(a_h)$	-5	0

仿真中用到的转移概率如图 8.2 所示。在此设置下得到的仿真结果如图 8.3

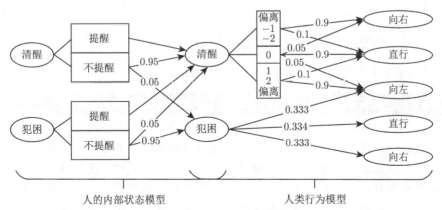

图 8.2 车道保持驾驶辅助系统 POMDP 模型中驾驶员的内部状态和操控动作的转移概率

所示。从图中可以看出，POMDP 决策控制器的车道保持提醒可以很好地反馈驾
驶员的异常状态和车辆的行驶异常，有效地提升了驾驶安全性；同时，在其他时
刻，控制器也并未产生不必要的误提醒，表明系统对异常状态的识别具有较好的准
确性。

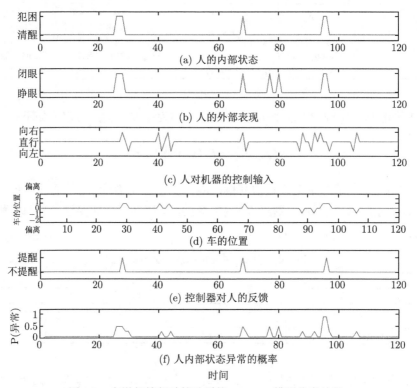

图 8.3　车道保持驾驶辅助系统 POMDP 模型仿真结果

8.2.2　利用 POMDP 实现智能学习辅助系统的共享自主

考虑例 8.3 中的智能学习辅助系统主动调整自主权归属问题。

例 8.3　基于 POMDP 的智能学习辅助系统主动调整自主权归属

考虑能够根据学习者状态主动调整所给予学习者自主程度的钢琴教学
智能辅助系统。在这一例子中，学习者通过跟从钢琴教学视频进行自主学
习，视频的播放顺序可由机器算法推荐，也可由学习者自主选择。一个视
频教学片段学习完毕，如果机器算法对自己的推荐有信心，则自动进入下
一个推荐教学视频；否则将给予用户选择下一视频教学片段的自主权。

注意到，在人类学习过程中，不同的人所适应的自主程度（对学习内容和学习进度的控制等）是不一样的，即使是同一个人在学习过程中的不同阶段所适应的自主程度也是不一样的，有时希望自主权较低、有时则需要更高的自主权。在人类教师教学过程中，会适时地调整给予学生的自主权。在没有人类教师辅助的情况下，我们希望智能学习辅助系统能够适应我们学习过程中的自主性需要，帮助我们提升学习效果。

用户期望的自主程度无法被直接精确测量，观测具有不确定性。当前时刻的期望自主程度主要与上一时刻的期望自主程度有关、可视为与历史期望自主程度无关，因此 POMDP 模型是建模该智能学习辅助系统的合适框架。

　　　　　　　　　　　　　　　　　　　　　　　　　　　　　　　　◇

心理学的研究证实[161]，学习效果的提升与如下描述的三种基本心理需求的满足密切相关。

（1）自主性（autonomy）：感觉到这件事情是自己选择的，不是被强迫的。

（2）能力（competence）：感觉到自己有能力去做这件事情。

（3）联系（relatedness）：感觉到自己与其他学生及老师有连通性/联系或者是有归属感。

这意味着，在例 8.3 中，通过增强钢琴教学过程中人和智能在自主权上的共享，可有助于改善学习效果。Zhou 等[66] 使用 POMDP 的一种特殊形式——混合可观马尔可夫决策过程（mixed observability Markov decision processes, MOMDP）[162] 来模拟这种共享自主，根据用户的表现和注意力水平来估计用户期望的自主水平。该问题的 MOMDP 模型的状态、动作和观察空间如表 8.5 所示。有了模型，便可以通过 POMDP 求解器①生成决策树，根据观察到的用户表现和注意力在每一个决策时间步上确定系统应采取的动作。对具体技术细节感兴趣的读者可进一步参考相关文献 [66]，在此不做赘述。这一方法的有效性在有人参与的对照情况下得到证实。

表 8.5　智能学习辅助人机系统的状态空间、动作空间、观察空间

符号	定义	说明
S	$s \in S = \{$期望的自主程度、表现和注意力$\}$	均为布尔类型的变量
A	$a \in A = \{$是否给予用户自主程度$\}$	均为布尔类型的变量
Ω	$o \in \Omega = \{$观测的自主程度、表现和注意力$\}$	均为布尔类型的变量

---

① 网址见：https://github.com/JuliaPOMDP/POMDPs.jl。访问时间：2020 年 12 月 16 日。

8.3   过度信任和缺乏信任在基于 POMDP 的共享控制框架下的解释

人机混合智能系统存在两种基本的信任问题：人或者过于相信机器决策，在本该干预的时候缺位，造成"过度信任"问题；人也可能过于不相信机器的决策，人的事必躬亲也就丧失了人机系统本该具有的优势，造成"缺乏信任"问题。上述两种基本信任问题使得人机混合智能系统在诸多安全、隐私等要求严格的领域中难以深度应用。

在基于 POMDP 的人机共享控制框架下，Chen 等[155] 注意到人对机器的信任应随着机器的实际表现而变化，提出了一个称之为"trust-POMDP"的机器决策计算模型，通过信任动态模型（捕捉人对机器信任的动态演化）和人的决策模型（将信任与人的行为联系起来），将人对机器的信任程度作为 POMDP 的不完全可观的变量集成到模型中。这一模型构建了人对机器的信任和机器决策之间的闭环，使机器能够推断和影响人的信任，可以在一定程度上避免人对机器的过度信任或缺乏信任问题。

Wang 等[163] 则开发了能够从 POMDP 推理中生成自然语言解释的算法，通过增强机器决策对人的透明性和可解释性解决过度信任和缺乏信任问题。该算法的构建基于多智能体社会仿真框架 PsychSim[164]①，其核心思想是通过暴露（指给出自然语言表示）POMDP 框架中的不同组件使得决策的不同方面对人类透明。例如，机器在给出决策结果的同时给出决策依据，依据可以是系统观测器的观测值，也可以是机器对自己决策结果的置信度等。该算法的一个具体示例见例 8.4。

例 8.4   POMDP 的自然语言解释提升人机协同侦查中的人机互信

考虑侦察员在机器人辅助下快速执行未知危险环境中侦察任务的场景。侦察员需在尽可能短的时间内侦查所涉及范围内分散分布的所有建筑物，但建筑物内可能存在生化武器和武装人员等危险因素。为了防范危险，侦察员可以在进入建筑物前穿戴防护服，侦查完到另外建筑物中间脱下防护服（否则行动不便，影响侦查效率）。侦察员对特定建筑物是否有危险缺乏相应知识，而机器人可通过装配的各类核、生物、化学等传感器、声音和图像识别设备等对建筑物的危险进行预判并告知侦察员，侦察员可在得

---

① PsychSim 框架包括 POMDP 模型的各种组件（如信念、观察结果、结果可能性）的透明性，其中决策理论规划为智能体提供了定量的效用计算，用于权衡不确定性下评估备选决策；递归建模为智能体提供了一种心智理论，允许它形成关于人类用户偏好的信念，将这些偏好纳入自己的决策，并根据用户决策的观察更新自己的信念。决策理论和心智理论的结合使得 PsychSim 框架在各种不同的人机交互场景中得到运用。

到这一信息后决定是否穿戴防护服进入建筑物，提升侦查效率。

上述场景可通过 POMDP 的七元组 $(S, A, T, R, \Omega, O, \gamma)$ 进行建模，机器人可在此框架下提供是否穿戴防护服的建议。但侦察员对该建议并不天然的具有合适的信任程度，不管是过度信任还是缺乏信任，都可能引发严重的后果。

为此，可尝试通过将机器人的建议翻译成人类可读的句子，通过增加机器决策的可解释性和透明度的方式提升人机系统的性能。以状态空间 S 为例，如果机器人认为建筑安全的可能性为 70%，它将对侦察员表示："我对进入该建筑物安全的信心为 70%"。按照这一方法，可以对 POMDP 模型的各个元组定制相应的自然语言解释模板，机器人进而根据其当前信念在运行时对其进行实例化。

为了验证提供自然语言解释的效果及给出什么样的解释更为有效，可设置不同的解释等级。

（1）没有解释：机器人仅将决策结果告知侦察员，如"我认为这个建筑物很安全"。

（2）二传感器解释：机器人将传感器和摄像头的观测数据和决策一起告知侦察员，如"我认为这间房子不安全，传感器检测到了危险化学物质，摄像头未捕捉到持械枪手"。

（3）三传感器解释：机器人将传感器、摄像头和录音设备的观测数据和决策一起告知侦察员，如"我认为这间房子很安全，传感器没有检测到化学物质，摄像头未捕捉到持械枪手，录音设备捕捉到的对话信息是友好的"。

（4）置信度解释：机器人将决策的不确定性和决策一起告知侦察员，如"我认为这间房子很危险，对于这个评估我有 75% 的信心"。

为了描述侦察员对机器决策的信任度及该场景下人机协作执行任务的效果，可设置不同的性能评估指标。

（1）侦察员对机器人决策过程的理解：侦察员用自然语言描述自己在任务中对机器人决策过程的理解程度。

（2）任务成功率：成功的任务数与任务总数的比值。

（3）侦察员正确决策率：侦察员正确决策的数量（遇到危险时穿上防护装备，反之不穿）与所有决策数量的比值。

（4）侦察员采用机器人推荐决策的概率（信任度）：侦察员决策中与机器人推荐的决策相同的决策数与决策总数的比值。

在每一次任务后对人类进行调查、对交互日志进行分析，在不同的解释等级下比较各项性能指标，Wang 等[163] 证明如果机器人给出的决策解释有助于帮助人类做决策，则能够比较明显地提高人对机器的信任度和提高任务性能。而当机器人采用的传感器精度不高或是有故障时，可能会以不低的概率提供错误信息，此时机器提供的对决策的解释不能够促进人类做决策，设置多传感器的解释可以在一定程度上捕获这种异常。总之，只有促进决策的解释才有助于提高人类对机器决策的理解。   ◇

8.4 本章小结

本章介绍了基于 POMDP 方法在人机共享自主中的典型应用实例和在人机混合智能系统的缺乏信任和过度信任基本问题中的特殊作用。作为一类有着良好数学定义的共享自主方法，一方面需要充分发挥 POMDP 方法定义和解释明确的优点，另一方面其进一步的发展也应与深度学习技术做深度的融合碰撞。

第 9 章　人在环内：基于强化学习的共享控制

本章摘要

第 8 章中基于 POMDP 的共享控制方法需要状态转移概率和可能的目标集等先验知识，这限制了方法的适应性和通用性。状态转移概率在很多任务中无法获得或因人而异，而对系统目标的固定表示（如离散的可抓取对象）降低了系统执行任务的灵活性，再者，较大的算力需求也影响了方法在复杂场景中的实时控制。应对这些困难，无须其他数据，通过与环境交互便可学习策略的强化学习方法具有独特的优势。本章对基于强化学习的共享控制方法做概略的描述，试图提供实现人机混合智能系统共享控制的另一条途径。

本章第 9.1 节简要介绍强化学习和深度强化学习的相关基础知识，第 9.2 节介绍三种基于强化学习的共享控制方法，第 9.3 节实验验证该类方法的有效性，最后在第 9.4 节中对本章进行小结。　♡

9.1　强化学习和深度强化学习基本知识

本节介绍强化学习和深度强化学习的基础知识，为后续讨论做准备。对本部分内容了解的读者可直接跳至第 9.2 节。

9.1.1　强化学习基本知识

强化学习问题关心作为强化学习本体的智能体（agent）在所处环境中的行动，问题的一般描述可借由四元组 (s, a, p, r) 表示，其中状态 s 表示智能体的位置、速度等状态信息；动作 a 表示智能体所可能采取的左移、前进等动作；状态转移概率 p 为智能体在某一状态采取某一动作后转移到下一状态的概率；奖赏 r 是智能体执行动作后得到的环境给予的反馈信号。智能体在与环境交互过程中，依据当前状态 s 选择动作 a 执行，在动作 a 下状态以概率 p 移至 s'，并获得奖励 r。然后继续选择动作，循环往复，直至任务结束。

为了达到强化学习问题的最终目标，智能体一般需要执行多步动作，状态也经过多步转移。强化学习问题的一般设计目标是选取合适的行动序列，或称策略

π，使得智能体在达成最终目标过程中的多步行动和状态转变所导致的奖赏的和，或称累积奖赏，达到最大值。

为了求取累积奖赏最大的最优策略 π^*，一般会首先定义状态价值函数 $V_\pi(s)$ 和动作价值函数 $Q_\pi(s,a)$，前者是智能体从状态 s 开始按照策略 π 进行决策能够获得的累积奖赏的期望值，后者是智能体在状态 s 时执行动作 a，后续按照策略 π 进行决策能够获得的累积奖赏的期望值，然后利用贝尔曼方程对这两个函数进行形式化表示，并进而优化求解。具体求解方法可分为三类，即动态规划法、蒙特卡洛法和时间差分法。

（1）动态规划法在其求解过程中，一般先将问题分解为子问题，由子问题的最优解构成原问题的最优解，并通过记住求解过的子问题来节省时间。这要求两个性质：① 整个问题的最优解可以通过求解子问题得到；② 子问题的求解结果可以存储下来并再次使用。强化学习任务满足：① 贝尔曼方程给出了递归分解方法；② 值函数可以作为子问题的求解结果。将动态规划法应用于强化学习中，首先通过策略评估计算给定策略 π 的优劣程度，然后计算策略 π 的最优状态价值函数 $V_\pi^*(s)$，根据最优状态价值函数 $V_\pi^*(s)$ 进而确定最优策略 π^*。尽管动态规划法具有方法简单、优化结果更好的优点，但其应用以完整环境模型的已知为前提，这极大限制了该方法在实际中的应用范围。

（2）蒙特卡洛法和时间差分法是无模型算法，可用于状态转移概率或奖赏值未知等信息不完全情况下最优策略的求解。在蒙特卡洛法中，根据样本求解最优策略。比如在初始状态 s 遵循策略 π 最终获得奖赏值 R 为一个样本，根据多个样本便可估计在状态 s 下遵循策略 π 的期望回报，蒙特卡洛法即依靠样本的平均回报解决学习问题。但该方法存在一些不足，比如数据方差大、收敛速度慢等，导致其在实际任务中的运行效果并不理想。

（3）时间差分法结合了蒙特卡洛和动态规划的优点，能够更准确高效地求解强化学习任务。时间差分法和蒙特卡洛一样从样本中学习，和动态规划一样基于已经学习过的状态估计新状态，因此时间差分可以学习不完整的样本，即任务尚未完成，未获得总回报 R 时，时间差分法可基于已有状态推测任务结果，同时持续更新这个推测，而蒙特卡洛法只能在任务结束后进行学习。时间差分法主要有在线策略（on-policy）的 Sarsa 算法和离线策略（off-policy）的 Q-learning 算法两种。算法流程分别如算法 9.1 和算法 9.2 所示。

由算法 9.1 可以看出，在 Sarsa 算法中，当智能体处于状态 s 时，根据当前 $Q(s,a)$ 及一定的策略选取动作 a，得到下一步的状态 s' 和奖赏值 r，并再次根据当前 $Q(s,a)$ 及相同策略选择动作 a'。即 Sarsa 算法中动作价值函数的每一次更新都需已知五元组 (s,a,r,s',a')，选择动作时遵循的策略和更新函数时遵循的策略是相同的。

算法 9.1　　强化学习求解的时间差分 Sarsa 算法
初始化:
 1: 任意初始化动作价值函数 $Q(s,a)$
输出: $Q(s,a)$
 2: **重复**
 3: 　　任意初始化状态 s
 4: 　　基于动作价值 Q 选取当前状态 s 下的动作 a
 5: 　　**重复**
 6: 　　　　采取动作 a, 获得奖赏值 r 和下一状态 s'
 7: 　　　　基于 Q 选取当前状态 s' 下的动作 a'
 8: 　　　　$Q(s,a) \leftarrow Q(s,a) + \alpha[r + \gamma Q(s',a') - Q(s,a)]$
 9: 　　　　$s = s',\ a = a'$
10: 　　直至 s 是终止状态
11: **直至** $Q(s,a)$ 收敛

算法 9.2　　强化学习求解的时间差分 Q-learning 算法
初始化:
 1: 任意初始化动作价值函数 $Q(s,a)$
输出: $Q(s,a)$
 2: **重复**
 3: 　　任意初始化状态 s
 4: 　　**重复**
 5: 　　　　基于动作价值 Q 选取当前状态 s 下的动作 a
 6: 　　　　采取动作 a, 获得奖赏值 r 和下一状态 s'
 7: 　　　　$Q(s,a) \leftarrow Q(s,a) + \alpha[r + \gamma \max_{a'} Q(s',a') - Q(s,a)]$
 8: 　　　　$s = s'$
 9: 　　直至 s 是终止状态
10: **直至** $Q(s,a)$ 收敛

　　在算法 9.2 中,当前步的 $Q(s,a)$ 更新完毕再根据新状态 s' 选取动作 a',即函数更新时采用的策略不同于选择动作时采用的策略,动作价值函数的每一次更新只需已知四元组 (s,a,r,s') 即可。

　　由上可知,Sarsa 为在线策略,每一次参数更新都需要同环境交互,采集新的经验样本进行学习;而 Q-learning 为离线策略,可以学习过往的经验和数据,比 Sarsa 算法有更高的样本效率。整体上 Q-learning 的学习效果更好,但 Sarsa 收敛

更快。本节对这些方法不做进一步介绍，感兴趣的读者可参考文献 [165]。

9.1.2　深度强化学习基本知识

早期的强化学习算法主要基于表格的方式求解状态集和动作集离散且有限的任务，比如上述算法 9.1 中的 Sarsa 算法和算法 9.2 中的 Q-learning 算法。表格的横纵坐标分别为状态和动作，每一格代表在当前状态 s 下执行动作 a 能够获得的奖赏值 $r(s, a)$，完善此表即可找到累积奖赏最大的决策链，即智能体完成了学习。但大部分实际问题都具有较大的规模，其任务状态集和动作集难以直接使用表格进行记录和索引，使得上述传统强化学习算法很难适用。

深度强化学习结合了强化学习和深度学习，它使用强化学习定义问题和优化目标，利用深度学习求解策略函数或价值函数，并进而借助反向传播算法优化目标函数。深度强化学习基于当前已有数据训练神经网络拟合价值函数，网络输入是状态和动作，输出是在当前状态执行该动作能够获得的累积奖赏值，称为 Q 值。这样，无须借助表格，使用神经网络预测 Q 值即可不断更新网络，最小化损失函数，从而学习最优策略。

DQN（deep Q network）[97, 166] 是将强化学习和深度学习成功结合的开端，它将卷积神经网络和 Q-learning 相结合。网络的输入是环境状态向量，输出是所有动作在该状态下的 Q 值，进而得到将要执行的动作，实现了从环境状态到动作的端到端映射。

将深度学习应用到强化学习中有诸多挑战，其中之一便是深度学习通常假设数据样本独立同分布，而强化学习中作为训练样本的状态通常是高度相关的序列。DQN 的关键技术之一就是采用了经验回放，将每次和环境交互得到的奖励和下一步状态以四元组 (s_t, a_t, r_t, s_{t+1}) 的形式存储在大小有限的经验池中，数据记录满后从中随机均匀采样作为训练样本进行网络更新，从而打破了数据之间的关联性。经验池的更新为覆盖更新，即下一个四元组会覆盖第一个四元组。

神经网络的训练是一个最小化损失函数的最优化问题。DQN 中损失函数为目标 Q 值和当前真实 Q 值的差的平方，即

$$\text{Target } Q = r + \gamma \max_{a_{t+1}} Q(s_{t+1}, a_{t+1}; \theta)$$

$$L(\theta) = E[(r + \gamma \max_{a_{t+1}} Q(s_{t+1}, a_{t+1}; \theta) - Q(s_t, a_t; \theta))^2]$$

其中，s_{t+1} 为状态 s_t 下执行动作 a_t 得到的下一步状态。第一版 DQN 在 2013 年由 Deepmind 提出[166]，其算法流程可见算法 9.3。

在算法 9.3 中，需要用待训练的网络参数计算目标 Q 值，然后再用目标 Q 值进行参数的更新。两者循环依赖，相关性较强，不利于算法的收敛。2015 年 DeepMind 在 Nature 上发表论文[97]，提出用两个结构相同参数不同的神经网络，即评估网络

和目标网络，来解决这一问题。评估网络用于计算当前 Q 值，使用反向传播算法进行参数实时更新，目标网络用于计算目标 Q 值，每隔一段时间从评估网络复制权重，即通过延迟更新减少二者之间的相关性。其算法流程可见算法 9.4。

算法 9.3 深度强化学习求解的单网络 DQN 算法

初始化：

1: 初始化容量大小为 N 的经验池 D

2: 初始化 Q 网络，随机生成权重 θ

输出：

3: **重复**

4:     初始化状态 s_t，其状态向量为 $\phi_t = \phi(s_t)$

5:     **重复**

6:       以概率 ϵ（或 $1 - \epsilon$）选取某随机动作 $a_t = a_{\text{rand}}$，或 Q 值最大的动作 $a_t = \max_a Q^*(\phi(s_t), a; \theta)$

7:       执行动作 a_t，获得奖赏值 r_t 和新状态 s_{t+1}，新状态向量 $\phi_{t+1} = \phi(s_{t+1})$

8:       将四元组 $(\phi_t, a_t, r_t, \phi_{t+1})$ 存入经验池 D

9:       从经验池 D 中采集 m 个样本 $(\phi_j, a_j, r_j, \phi_{j+1})$，$j = 1, 2, \cdots, m$

10:      计算当前样本的目标 Q 值

$$y_j = \begin{cases} r_j, & \phi_{j+1} \text{为终止状态} \\ r_j + \gamma \max_{a'} Q(\phi_{j+1}, a'; \theta), & \phi_{j+1} \text{非终止状态} \end{cases}$$

11:      损失函数 $(y_j - Q(\phi_j, a_j; \theta))^2$ 进行梯度反向传播以更新 Q 网络参数 θ

12:     **直至** 每次尝试的步数截止

13: **直至** 尝试数截止

上述两种 DQN 都无法克服 Q-learning 的固有缺陷——会在特定状态下高估某些动作的价值，进而导致过于乐观的值函数估计。van Hasselt 等[167] 证明了在实际任务中这种高估是常见现象并且会损害算法性能。该文献同时提出 Double DQN 的方法，将动作的选择和动作值函数估计用两个 Q 网络分别进行学习。具体算法是将算法 9.4 中目标值的计算步骤拆分为两步，其余不变。

（1）通过评估网络获得值函数最大的动作 a：

$$a^{\max}(\phi_{j+1}; \theta) = \max_a Q(\phi_{j+1}, a; \theta)$$

（2）通过目标网络获得步骤（1）中动作 a 的目标值：

$$y_j = r_j + \gamma \hat{Q}(\phi_{j+1}, a^{\max}(\phi_{j+1}; \theta); \theta^-)$$

算法 9.4　深度强化学习求解的双网络 DQN 算法

初始化：

1: 初始化容量大小为 N 的经验池 D

2: 初始化评估网络 Q，随机生成权重 θ

3: 初始化目标网络 $\hat{Q}$，权重 $\theta^- = \theta$

输出：

4: **重复**

5:　　初始化状态 s_t，状态向量 $\phi_t = \phi(s_t)$

6:　　**重复**

7:　　　以概率 ϵ（或 $1 - \epsilon$）选取某随机动作 $a_t = a_{\mathrm{rand}}$，或 Q 值最大的动作 $a_t = \max_a Q^*(\phi(s_t), a; \theta)$

8:　　　执行动作 a_t，获得奖赏值 r_t 和新状态 s_{t+1}，新状态向量 $\phi_{t+1} = \phi(s_{t+1})$

9:　　　将四元组 $(\phi_t, a_t, r_t, \phi_{t+1})$ 存入经验池 D

10:　　　从经验池 D 中采集 m 个样本 $(\phi_j, a_j, r_j, \phi_{j+1})$，$j = 1, 2, \cdots, m$

11:　　　计算当前样本的目标 Q 值

$$
y_j = \begin{cases} r_j, & \phi_{j+1} \text{为终止状态} \\ r_j + \gamma \max_{a'} \hat{Q}(\phi_{j+1}, a'; \theta^-), & \phi_{j+1} \text{非终止状态} \end{cases}
$$

12:　　　损失函数 $(y_j - Q(\phi_j, a_j; \theta))^2$ 进行梯度反向传播以更新评估网络 Q 参数 θ

13:　　　每 C 步更新目标网络 $\hat{Q}$ 参数 $\theta^- = \theta$

14:　　**直至** 每次尝试的步数截止

15: **直至** 尝试数截止

上述方法的经验回放利用的是均匀分布采样，即经验池中每个数据的重要性相等，被采样到的概率相等。Schsul 等[168] 提出了优先回放，即对于智能体而言数据的重要程度不一样，学习效率高的样本有更大的采样权重。优先回放中用 TD 误差表示当前评估网络输出的 Q 值和目标网络输出的该动作的目标 Q 值之间的差距，越大则表示当前评估网络的输出越不准确，即可以从该样本中学到更多。为每个样本计算优先级并存入经验池，优先级正比于 TD 误差，越高则样本被采样的概率越大。为了方便存储与采样，用 SumTree 树存储样本优先级，计算损失函数时添加正比于 TD 误差的权重，其余与 Double DQN 相同：

$$
\text{Loss-function} : \frac{1}{m} \sum_{j=1}^{m} \omega_j (y_j - Q(s_j, a_j; \theta))^2
$$

与上述算法不同，Dueling DQN[169] 从网络结构上进行优化，在全连接层中将值函数分为两部分：状态值函数 $V(s)$ 和动作优势函数 $A(s, a)$，即

$$Q(s, a, \theta, \alpha, \beta) = V^\pi(s, \theta, \alpha) + A^\pi(s, a, \theta, \beta)$$

其中，θ 是公共的网络参数，α 是状态值函数独有部分的网络参数，β 是动作优势函数独有部分的网络参数。由于 Dueling DQN 只涉及网络结构的改进，故其原则上可以和上面任意一个 DQN 算法结合，只需要用 Dueling DQN 的模型结构去替换上面任意一个 DQN 网络的模型结构。

9.2 基于强化学习的共享控制典型方法

如在第 9.1 节所述，强化学习具有在信息不完全可知下高效求解最优策略的能力，这一能力有助于实现复杂环境下满足实时要求的人机混合智能系统的共享控制策略。

本节介绍三种基于强化学习的共享控制典型方法，这三种方法避免了共享控制对如下三种先验知识中的一种或多种知识的依赖：系统的目标集（如机械臂所有可抓取的物体）、机器所处世界的动态模型（如机械臂作为控制系统的状态空间方程）和人的行为策略（即人在当前环境状态下为了达到其目标所可能采取的动作）。具体安排如下。

（1）第 9.2.1 小节 基于 DQN 的无须先验知识的共享控制方法。使用 DQN 网络实现无须以上三种先验知识，单独根据用户行为便可有效控制的共享控制方法。这一方法具有很强的普适性和泛化能力，也具有很大的发展和改善空间。对智能体而言，用户的控制行为类似于额外的环境状态观察结果，从中隐式解码用户的意图，而非显式的推理；对人类用户而言，智能体是从用户命令到最大化任务回报的映射。

（2）第 9.2.2 小节 基于 SAC 的无须预先训练的共享控制方法。利用 SAC 算法的高样本效率实现无须以上三种先验知识，智能体也无须提前单独训练的共享控制方法。这一方法在某种意义上是对上一方法的改进，但其普适性需进一步的验证。

（3）第 9.2.3 小节 基于 AC 的无须动态模型的共享控制方法。结合强化学习和最优控制理论实现机器所处世界的动态模型和人的行为策略未知下的有效共享控制方法。

9.2.1 基于 DQN 的无须先验知识的共享控制方法

Reddy 等[58] 提出了无须了解或假设可能目标集、状态转移概率和用户行为策略的基于深度强化学习的共享控制方法，其核心思想为利用深度强化学习实现从

环境变量和用户控制行为到最接近用户控制行为的高值行为的端到端映射。

人在环内的强化学习需要注意两点：① 尽可能地减少人和环境的交互次数；② 保证人的输入信息的丰富有效。若在一段时间内持续忽略人的输入而采取其他控制行为，人可能因为对环境或对自我认知的怀疑导致输入质量降低。为了解决这两个问题，Reddy 等[58] 采用 Nature DQN 算法对动作进行价值估计和选择。原本算法在训练的每一步进行梯度下降和参数更新，这可能导致动作的延迟或中断用户的控制。不同于此，Reddy 等[58] 选择在每次训练的末尾，即下一状态为终止状态时进行梯度下降和评估网络的参数更新，并在一定步数后从评估网络复制权重以更新目标网络。

DQN 网络的奖赏函数由已知的常识奖赏和未知的终端奖赏两部分组成。已知的常识奖赏即为通用奖罚，比如惩罚冲撞、惩罚倾斜等。未知的终端奖赏为用户在每次训练终止时给予智能体告知其任务是否完成的反馈，比如通过按钮在其完成时给予大额奖励，未完成时给予大额惩罚，其一般形式可表示为

$$R(s_t, a_t, s_{t+1}) = R_{\text{general}}(s_t, a_t, s_{t+1}) + R_{\text{feedback}}(s_t, a_t, s_{t+1})$$

网络的输入是当前时刻的环境状态向量 s_t 和用户控制行为向量 a_t^h 的增广向量 $\widetilde{s}_t$：

$$\begin{bmatrix} s_t \\ a_t^h \end{bmatrix} \tag{9.1}$$

若知道更多信息能够推测出用户目标 $\hat{g}_t$，则可用推测目标 $\hat{g}_t$ 替换用户行为 a_t^h。比如，若已知用户行为策略，则可通过最大熵逆强化学习法[170] 实现贝叶斯目标推断以推测用户意图[65]；若已知可能的目标集，则可通过递归 LSTM 网络实现监督目标预测法推测用户意图。但若无法获得更多信息，则神经网络从映射关系中隐式解码用户意图。

Reddy 等[58] 认为用户的控制行为已经接近最优行为，只需进行微调，因此在 DQN 中选取 Q 值足够高的、最接近用户控制行为 a_t^h 的动作，表达式如下：

$$\pi_\alpha(a|\widetilde{s}, a^h) = \delta(a = \arg \max_{a: Q'(\widetilde{s}, a) \geqslant (1-\alpha)Q'(\widetilde{s}, a^*)} f(a, a^h)) \tag{9.2}$$

其中，函数 f 用于评估行为相似度；$Q'(\widetilde{s}, a) = Q(\widetilde{s}, a) - \min_{a' \in A} Q(\widetilde{s}, a')$ 使得该式在 Q 值为负时仍有意义；a^* 为状态 $\widetilde{s}$ 下的最优动作，即能够获得最大的累积奖赏值；α 为超参数，代表智能体对用户控制行为的采纳程度，$\alpha = 1$ 时在所有可能的动作中选取最接近用户控制行为的动作，即最大限度地采纳用户的建议；$\alpha = 0$ 时只采取 Q 值最大的动作，即完全无视用户的控制行为。

基于 DQN 的无须先验知识的共享控制方法的算法流程如算法 9.5 所示。

算法 9.5 基于 DQN 的无须先验知识的共享控制方法

初始化：

1: 初始化容量大小为 N 的经验池 D

2: 初始化评估网络 Q，权重 θ 为随机生成或预先训练好的权重

3: 初始化目标网络 $\hat{Q}$，权重 $\theta^- = \theta$

输出：

4: **重复**

5:    **重复**

6:       根据当前输入 $\widetilde{s}_t$ 和公式 (1.2) 选取动作 $a_t \sim \pi_\alpha(a_t|\widetilde{s}_t, a_{t^h})$

7:       执行动作 a_t，获得奖赏值 r_t 和新状态 s_{t+1}

8:       将四元组 $(\widetilde{s}_t, a_t, r_t, \widetilde{s}_{t+1})$ 存入经验池 D

9:       如果 $\widetilde{s}_{t+1}$ 是终止状态，则：

10:         **重复**

11:            从经验池 D 中采集 m 个样本 $(\widetilde{s}_j, a_j, r_j, \widetilde{s}_{t+1})$，$j = 1, 2, \cdots, m$

12:            计算目标 Q 值 $y_j = r_j + \gamma \hat{Q}(\widetilde{s}_{t+1}, \arg\max_{a'} Q(\widetilde{s}_{t+1}, a'; \theta); \theta^-)$

13:            评估网络权重更新

14:         **直至** 权重更新的步数截止

15:         每 C 步更新目标网络 $\hat{Q}$ 参数 $\theta^- = \theta$

16:    **直至** 每次尝试的步数截止

17: **直至** 尝试次数截止

上述方法虽然是人在环内的共享控制任务，智能体的训练过程却仍单独进行而没有人参与。一般情况下用深度学习算法实现最简单的任务也需要大量训练数据，而在机械臂等需要硬件设施的任务，还应考虑机械系统的磨损等问题，这使得大多数控制任务的训练过程都在仿真环境中由智能体单独进行。但如果能够让人参与训练过程，或由人负责训练之后的优化，可使得智能体面向人类做个体优化，比如，Gopinath 等[64] 将机器的辅助程度数字化为三个参数，由用户根据个人需求进行自主调节。

9.2.2 基于 SAC 的无须预先训练的共享控制方法

尽管大多数学习技术都需要大量训练数据，但也有例外，比如 PILCO 算法[171]。PILCO 是一个基于模型的策略搜索方法，具有其他强化学习算法无法匹敌的数据效率。例如，小车倒立摆系统中 PILCO 只需要 7~8 次尝试就能让这个系统稳定，而常规强化学习算法如 DDPG（deep deterministic policy gradient）则需要高达 2500 次尝试。但 PILCO 在模型拟合时采用的高斯回归模型使得计算复杂度随着观测状态维数的增长呈指数增长，限制了该方法在高维系统中的应用。2016 年有学者提

出用贝叶斯网络代替高斯回归模型以解决这一问题[172]，扩展后的 PILCO 具有了应用于人机共享控制任务中的可能性。

无须大量训练数据的本质是没有大量待调节超参数。在深度强化学习算法中，SAC 算法（soft actor-critic）[173] 具有最高的样本效率。Haarnoja 等[174] 通过将该算法用于训练机器人行走证明了这一点，在无须任何预先训练的情况下，四足机器人从零开始学会行走只需两个小时；提出并应用了自动调节熵的方法，即策略的熵在整个学习过程中约束为期望值，这使得系统无须进行复杂的超参数调节，训练过程短暂且高效。

Tjomsland 等[175] 将 SAC 算法应用于共享控制中，通过控制托盘的倾斜，让托盘上的小球避开障碍到达指定位置。托盘共有两个维度可以旋转，一个由人控制，一个由使用 SAC 算法的智能体控制。实验证明，智能体无须提前训练，仅从 30 分钟的人机交互中便可学习策略进而帮助用户完成控制任务。

SAC 算法是一个离线策略的最大熵方法，能够从以往经验中进行学习，主要包含三个关键因素。

（1）演员-评论家算法（actor-critic, AC）的网络结构，包括分离的策略网络和值函数网络。迭代过程分为两步：估计策略的值函数、根据值函数得到一个更优的新策略。

（2）离线策略的更新方式，基于历史经验样本进行参数更新。

（3）熵最大化的目标函数，保证稳定性和探索能力，如式 (9.3) 所示。最大熵强化学习在奖赏函数中增加熵项，熵越大则奖赏越大。其目的在于鼓励探索，希望学到的策略在优化目标的同时尽可能随机，保持在各个方向上的可能性。SAC 通过温度参数 α 控制熵对奖赏的影响，即控制探索未知空间和利用已有策略之间的平衡，α 越大越鼓励探索，α 越小越鼓励利用。

$$J(\pi) = \sum_{t=0}^{T} E_{(s_t, a_t)\, \rho_\pi} [r(s_t, a_t) + \alpha H(\pi(\cdot|s_t))] \qquad (9.3)$$

和 AC 算法类似，SAC 可以从一个最大熵版本的策略迭代中推导出来。先进行值函数估计：

$$T^\pi Q(s_t, a_t) = r(s_t, a_t) + \gamma E_{s_{t+1}\sim p}[V(s_{t+1})]$$

其中，T^π 是 Bellman backup 算子，满足 $Q^{k+1} = T^\pi Q^k$，且

$$V(s_t) = E_{a_t\, \pi}[Q(s_t, a_t) - \log\pi(a_t|s_t)]$$

估值函数的更新规则为

$$Q(s_t, a_t) \leftarrow r_\pi(s_t, a_t) + \gamma E_{s_{t+1}\sim p, a_{t+1}\sim\pi}[Q(s_{t+1}, a_{t+1})]$$

给定 T^{π} 和 Q^0，则序列 $Q^k(k \to \infty)$ 将会收敛至策略 π 的软 Q 值。根据值函数进行策略更新：

$$\pi_{\text{new}}(a_t|s_t) \propto \exp(Q^{\pi_{\text{old}}}(s_t, a_t))$$

在实践中，为使策略易于处理，一般将策略集加以限制，如限制为高斯分布。为保证策略限制，我们需将改进的策略投射进 Γ 中。SAC 算法采用信息投射，由 KL 散度进行定义，即在策略改进步骤中按如下方式更新策略：

$$\pi_{\text{new}} = \arg\min_{\pi' \in \Gamma} D_{\text{KL}}\left(\pi'(\cdot|s_t) \middle\| \frac{\exp(Q^{\pi_{\text{old}}}(s_t, \cdot))}{Z^{\pi_{\text{old}}}(s_t)}\right)$$

这里把值函数转换为概率分布来表示策略，然后求策略和 Q 值策略的 KL 散度最小时的策略，其中 $Z^{\pi_{\text{old}}}(s_t)$ 是配分函数，与新策略梯度无关。对于任意 $(s_t, a_t) \in S \times A$ 有 $Q^{\pi_{\text{new}}}(s_t, a_t) \geqslant Q^{\pi_{\text{old}}}(s_t, a_t)$。整个 soft 策略迭代交替使用以上两部分，最终会收敛至策略集 Γ 中的最优策略。

以上迭代过程基于表格环境推导得到，对于大规模的连续控制问题需对策略和值函数进行近似。首先定义软状态值函数 $V_{\psi}(s_t)$，软 Q 值函数 $Q_{\theta}(s_t, a_t)$，策略函数 $\pi_{\phi}(a_t|s_t)$，对应参数分别为 ψ, θ, ϕ，其中值函数可被直接建模为神经网络，策略被建模为一个高斯分布，其均值向量和协方差矩阵都是由神经网络给出。

软状态函数的目标函数为

$$J_V(\psi) = E_{s_t \sim D}\left[\frac{1}{2}(V_{\psi}(s_t) - E_{a_t \sim \pi_{\phi}}\left[Q_{\theta}(s_t, a_t) - \log \pi_{\phi}(a_t|s_t)^2\right]\right] \tag{9.4}$$

其中，D 为经验池，存放先前采样的状态和动作。式 (9.4) 以如下梯度进行优化：

$$\nabla_{\psi} J_V(\psi) = \nabla_{\psi} V_{\psi}(s_t)(V_{\psi}(s_t) - Q_{\theta}(s_t, a_t) + \log \pi_{\phi}(a_t|s_t)) \tag{9.5}$$

其中，a_t 根据当前状态 s_t 生成。软 Q 值函数的目标函数是：

$$J_Q(\theta) = E_{(s_t, a_t) \sim D}\left[\frac{1}{2}(Q_{\theta}(s_t, a_t) - \hat{Q}(s_t, a_t))^2\right] \tag{9.6}$$

其中

$$\hat{Q}(s_t, a_t) = r(s_t, a_t) + \gamma E_{s_{t+1} \sim p}[V_{\bar{\psi}}(s_{t+1})] \tag{9.7}$$

以如下梯度进行优化：

$$\nabla_{\theta} J_Q(\theta) = \nabla_{\theta} Q_{\theta}(s_t, a_t)(Q_{\theta}(s_t, a_t) - r(s_t, a_t) - \gamma V_{\bar{\psi}}(s_{t+1})) \tag{9.8}$$

更新中使用目标网络 $\bar{\psi}$ 以消除相关性。更新策略的目标函数为

$$J_\pi(\phi) = E_{s_t \sim D, \epsilon_t \sim N} \left[\log \pi_\phi(f_\phi(\epsilon_t; s_t)|s_t) - Q_\theta(s_t, f_\phi(\epsilon_t; s_t)) \right] \qquad (9.9)$$

其中，ϵ_t 是从高斯分布 N 中采样的随机变量。式 (9.9) 的梯度为

$$\nabla_\phi J_\pi(\phi) = \nabla_\phi \log \pi_\phi(a_t|s_t) + (\nabla_{a_t} \log \pi_\phi(a_t|s_t) - \nabla_{a_t} Q(a_t|s_t)) \nabla_\phi f_\phi(\epsilon_t; s_t) \qquad (9.10)$$

SAC 算法的具体流程见算法 9.6。

算法 9.6　　Soft Actor-Critic 算法

初始化：
1: 初始化参数 ψ, $\bar{\psi}$, θ, ϕ
输出：
2: **重复**
3: 　　**重复**
4: 　　　　$a_t \sim \pi_\phi(a_t|s_t)$
5: 　　　　$s_{t+1} \sim p(s_{t+1}|s_t, a_t)$
6: 　　　　$D \leftarrow D \cup (s_t, a_t, r(s_t, a_t), s_{t+1})$
7: 　　**直至** 采样步数截止
8: 　　**重复**
9: 　　　　$\psi \leftarrow \psi - \lambda_V \nabla_\psi J_V(\psi)$
10: 　　　$\theta_i \leftarrow \theta_i - \lambda_Q \nabla_{\theta_i} J_Q(\theta_i)$ for $i \in 1, 2$
11: 　　　$\phi \leftarrow \phi - \lambda_\pi \nabla_\phi J_\pi(\phi)$
12: 　　　$\bar{\psi} \leftarrow \tau \psi + (1 - \tau) \bar{\psi}$
13: 　　**直至** 梯度更新步数截止
14: **直至** 迭代次数截止

9.2.3　基于 AC 的无须动态模型的共享控制方法

在早期人机系统中，机器通常扮演辅助者或跟随者的角色，完全服从人类的命令或安排。但在人机混合智能系统中，机器不仅具有自己的目标，也具有不同以往的决策能力。用传统控制方法推断人或机器的控制目标需要知道其动态模型，而动态模型通常是无法获得且难以计算的。在无法获得精确系统模型的场景，如导弹系统[176] 和电力系统[177]，强化学习大有用武之地。例如，Li 等[178] 将强化学习用于机械臂系统中，在人和机械臂的动态模型未知时推测并完成其控制目标。

在一般的机械臂系统中，人的手臂和机械臂存在物理上的交互，在交互点处存在力传感器测量交互力和力矩。机械臂在末端执行器处完成一项任务，人的手

臂通过施加一个交互力来影响机械臂的运动。根据平衡点假设[179]，人的手臂的动力学模型可建模如下：

$$C_H \dot{x} + K_H(x - x_H) = -f \tag{9.11}$$

其中，$x(t) = \phi(q)$，$x(t) \in R^n$ 是机械臂在笛卡儿空间中的位置；$q \in R^n$ 是机械臂关节处的坐标；C_H 和 K_H 分别是人体手臂的阻尼矩阵和刚度矩阵，它们随时间变化，是 x 和 $\dot{x}$ 的函数；x_H 是人的中枢神经系统选择的平衡点位置，无法直接获得。

人和机械臂有各自的控制目标，可能一致，也可能冲突，通过损失函数在二者间做权衡：

$$\Gamma(t) = \int_0^\infty e^{-\frac{s-t}{\psi}} r(x(s), u(s)) \mathrm{d}s \tag{9.12}$$

其中，$u(t)$ 是人的输入；ψ 是决定未来损失占比的常数；$r(x(t), u(t))$ 是当下时刻的成本，被定义为

$$r = (x - x_d)^\mathrm{T} Q_1 (x - x_d) + \dot{x}^\mathrm{T} Q_2 \dot{x} + f^\mathrm{T} Q_3 f + u^\mathrm{T} R u$$

其中，x_d 为机械臂的控制目标，即其理想运动轨迹，由人给定；$Q_1 \in R^{n \times n} \geqslant 0$，$Q_2 \in R^{n \times n} \geqslant 0$，$Q_3 \in R^{n \times n} \geqslant 0$，$R \in R^{n \times n} \geqslant 0$ 分别是损失函数中位置跟踪、速度调节、交互力调节、机械臂控制输入的权重。

整个控制问题便转化为选择输入 $u(t)$ 使损失函数 $\Gamma(t)$ 最小。损失函数 $\Gamma(t)$ 的第一项惩罚机械臂的实际位置和理想位置之间的差距，第二项惩罚实际速度和 0 速度之间的差距。因 x^H 无法获得，式 (9.11) 显示交互力 f 为 $(x - x^H)$ 的函数，故第三项实则为惩罚人的手臂的实际位置和理想位置之间的差距。通过 Q_1 和 Q_3 取不同的值对人和机械臂的控制目标进行权衡：若 $Q_1 = 0$，$Q_3 \neq 0$ 则完全由人控制；若 $Q_1 \neq 0$，$Q_3 = 0$ 则完全由机械臂控制。

强化学习的 AC 算法 (actor-critic，演员-评论家) 主要分为两部分：演员网络基于策略梯度选择行为，即选择合适的控制输入，评论家网络计算该行为的值函数，即计算式 (9.12)，演员网络根据值函数进行网络更新。在复杂的动态要求高的场景中式 (9.12) 难以实时计算，可采用径向基神经网络进行函数近似，该径向基网络即为评论家网络。

评论家网络的输出 $\hat{\Gamma}$ 和输入 Z_c 分别定义如下：

$$\hat{\Gamma} = W_c^\mathrm{T} S_c(Z_c) \tag{9.13}$$

$$Z_c = [x^\mathrm{T}, \dot{x}^\mathrm{T}, f^\mathrm{T}, x_d^\mathrm{T}]^\mathrm{T} \tag{9.14}$$

其中，S_c 为人为设置的网络激活函数，W_c 为网络的权重，初始可随机设置，之后随网络更新迭代至收敛。网络误差为

$$e_c = r - \frac{1}{\psi}\hat{\Gamma} + W_c^{\mathrm{T}} \triangledown S_c \dot{Z}_c \tag{9.15}$$

$$E_c = \frac{1}{2}e_c^2 \tag{9.16}$$

演员网络的误差实质为 $e = x - x_d$，其李雅普诺夫函数及其微分为

$$V = \frac{1}{2}e^{\mathrm{T}}e \tag{9.17}$$

$$\dot{V} = e^{\mathrm{T}}e = e^{\mathrm{T}}(\dot{x} - \dot{x}_d + K_1 e - K_1 e) \tag{9.18}$$

其中，K_1 为一个正定矩阵。定义 x_r 和 e_v 为

$$x_r = \dot{x}_d - K_1 e \tag{9.19}$$

$$e_v = \dot{x} - \dot{x}_r \tag{9.20}$$

于是演员网络可表示如下：

$$u = W_a^{\mathrm{T}} S_a(Z_a) - f - e - K_2 e_v \tag{9.21}$$

$$Z_a = [q, \dot{q}, \dot{x}_r, \ddot{x}_r] \tag{9.22}$$

其中，K_2 为一个正定矩阵，Z_a 为演员网络的输入，S_a 为人为设置的网络激活函数，W_a 为网络的权重，初始可随机设置，之后随网络更新迭代至收敛。网络误差为

$$e_a = \sum_{i=1}^{n} W_{a,i}^{\mathrm{T}} S_a + K_\Gamma \hat{\Gamma} \tag{9.23}$$

$$E_a = \frac{1}{2}e_a^2 \tag{9.24}$$

其中，$W_{a,i}$ 为 W_a 的第 i 行，$i = 1, 2, \cdots, n$，K_Γ 为一个正常数。用梯度反向传播算法进行网络更新。

9.3　基于强化学习的共享控制实例

本节将第 9.2.1 小节介绍的基于 DQN 的共享控制方法用于实现 OpenAI Gym 中的登月着陆器（lunar lander）[①]的人机协同控制，该系统示意图见图 9.1。

---

① 网址见：http://gym.openai.com/envs/LunarLander-v2/

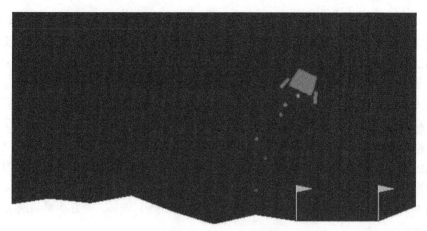

图 9.1　OpenAI Gym 登月着陆器示意图

在该系统中，人与登月着陆器协同控制使着陆器降落到图 9.1 中的两面旗子中间。实验中每次任务开始随机生成两面旗子的坐标，该坐标不为着陆器所知，但为操控的人可见。人可手动控制着陆器的三个发动机（从而控制着陆器的左移、右移和降落速度）朝着陆点移动，着陆器则通过人的控制行为推断着陆位置，并对控制行为进行微调。如果能够在允许的最长时间（设为 1000 步）内使登月着陆器无碰撞地降落到图 9.1 中的两面旗子中间，则任务成功；反之，若着陆器冲撞到地面、飞出边界、在旗子外的地面上保持静止或时间耗尽，则任务失败。

利用第 9.2.1 小节中基于强化学习的共享控制方法建模该系统，可知在所得的模型中，动作集 A 包含 6 个离散动作，即着陆器三个发动机的开启或关闭；8 维状态向量 s_t 包含着陆器的位置、速度、角度、角速度、离地距离等信息。实验中采用含有两个隐藏层的多层感知机来实现 DQN 算法，每个隐藏层有 64 个节点。动作相似度函数 $f(a, a^h)$ 为智能体的动作 a 和用户控制行为 a^h 一致的维度数。奖赏函数里 $R_{general}$ 惩罚速度和倾斜度，即速度越快或倾斜度越大，惩罚越大。因为不论在哪里着陆，快速移动和倾翻总是危险的。如果在任务结束时登月着陆器成功着陆到旗子中间则给予大额奖励，如果冲撞到地面或飞出边界则给予大额惩罚。

为验证方法的可行性，招募了 10 位玩家完成该实验。他们平均年龄 22 岁，每位参与者提前训练 20 次以熟悉相关操作和界面，然后参与者单独操作 30 次，参与者和着陆器共同控制 30 次，比较其任务成功率和冲撞率。为了加快实验进程、减少参与者的操作数量，着陆器在没有参与者参与的情况下进行预训练，再根据有参与者参与的实验数据进行微调。根据任务的难易程度和这 10 位参与者的技术水平，着陆器对参与者控制行为的采纳度被设置为 $\alpha = 0.6$。当参与者没有按下任何按键，即没有输入任何控制行为时，由着陆器控制，采取 Q 值最大的动作。

图 9.2 展示了登月着陆器在参与者单独控制和共享控制下的典型降落轨迹。

从中可以看出，在参与者单独控制下，着陆器很难无碰撞地精准降落在要求的位置，这主要由于人对高速运动物体实施精确操控能力的欠缺（图 9.2(a)）；而随着着陆器对自身动态精准调控能力的加入，参与者与着陆器的共享控制则大大提升了着落成功的可能性（图 9.2(b)）。我们进一步在图 9.3(a) 中展示了 10 位参与者在 30 次单独控制和与着陆器共享控制进行操作的成功率，从中可以看出，大多数参与者在共享控制时都能接近或超过 60% 的成功率，而在单独控制时则近乎全军覆没。而图 9.3(b) 中展示的参与者输入频率则表明了参与者在单独控制和共享控制时完全不同的操控模式：参与者在单独控制的后期达到输入频率的高峰，为的是避免高速运动的着陆器碰撞地面，而在共享控制时，则先做观察，进而密集操作着陆器对准要求的着陆位置，后期则几乎不需要额外操作，由着陆器自身完成安全降落。

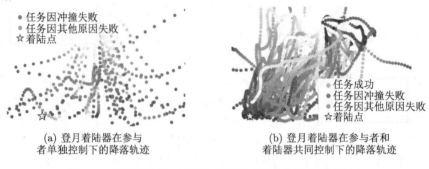

(a) 登月着陆器在参与　　　　　　　　(b) 登月着陆器在参与者和
者单独控制下的降落轨迹　　　　　着陆器共同控制下的降落轨迹

图 9.2　　登月着陆器在单独控制和共享控制下的降落轨迹

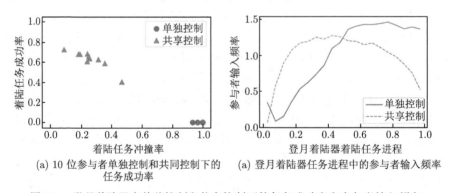

(a) 10 位参与者单独控制和共同控制下的　　　　　(a) 登月着陆器任务进程中的参与者输入频率
任务成功率

图 9.3　　登月着陆器在单独控制和共享控制下的任务成功率和参与者输入频率

9.4　本章小结

本章介绍了三种基于强化学习的共享控制方法，这些方法不需要依赖任务求解过程中的部分先验知识，为人机协同控制任务提供了另一种求解的可能。第 9.2.1

小节介绍的方法看似是完美的，无须任何先验知识，因此适用于任何系统。但这种泛化的代价是它无法利用特定系统的特定信息，只能从大量训练数据中进行学习。对人在环内的共享控制系统而言，人类参与者往往难以承担过多重复的控制任务，因而大量训练数据的获得并不能视为给定的。在该方法中智能体在模拟环境里单独训练而无须人的参与，这也是大多数共享控制系统会采用的方法，在一定程度上解决了训练数据低效的问题。但对于一些实际任务而言，构建与真实场景相符的模拟环境并设置合理有效的奖赏函数存在一定难度，并且智能体单独训练无法实现针对不同用户的个性化设置。第9.2.2小节中利用深度强化学习算法本身的高样本效率，使得智能体无须在模拟环境中单独训练，而是通过与人类参与者在实际任务中的有限次交互获得经验进而完成学习。但该文献中设置的任务较为简单，更复杂的系统或任务能否达到同样的控制效果还需进一步研究。第9.2.3小节介绍的方法利用已有的机械臂数据训练网络，由训练完毕的智能体和用户一起进行控制。该方法利用了机械臂系统的特定结构和人体动力学模型，比第9.2.1小节介绍的方法更为准确和高效。但这一方法本身仅适用于机械臂系统，尽管它为如何将基于强化学习的共享控制应用到实际物理系统提供了参考。

第 10 章　人在环内：人机序贯决策的共享控制

本章摘要

　　以时序性和多阶段性为标志的序贯决策问题是一类广泛存在于社会、经济、军事、工业生产等各个领域的重要决策问题。该类决策问题由于决策空间随着决策步长指数增长，求取最优决策序列往往存在巨大困难。我们注意到，在很多序贯决策问题中或者人本身便处于决策的环路中，或者人因其独特的认知能力而有助于最优决策的求取，因而本章试图从人机共享控制角度重新思考序贯决策问题。

　　本章第 10.1 节首先概述序贯决策的基础概念和发展状况，第 10.2 节介绍人机序贯决策问题的典型场景，然后分别在第 10.3 节、第 10.4 节、第 10.5 节通过实例介绍基于部分可观马尔可夫决策过程、基于模型预测控制和基于强化学习的三种不同人机序贯决策方法。♡

10.1　序贯决策的基本概念

　　序贯决策是一类常见的具有时序和多阶段特点的决策问题，其一般框架可形象化表示为图 10.1。

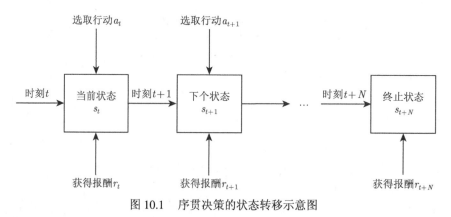

图 10.1　序贯决策的状态转移示意图

　　从图中可以看出，在任意决策时刻 $t \in T := \{t_0, t_1, \cdots\}$，系统观察到当前时刻 t

所处的状态 $s_t := s(t) \in S := \{s_1, s_2, \cdots\}$，按照策略 p 确定并执行行为 $a_t = p(s_t, t)$，$a_t \in A := \{a_1, a_2, \cdots\}$，随后系统依概率 $P\{s_{t+1}|s_t, a_t\}$ 按照系统的动力学模型 f 进入到下一状态 $s_{t+1} = f(s_t, a_t)$，并获得一个奖励或惩罚 r_t。

与常规决策问题中策略 p 的决定仅依赖当前时刻的某一指标 $J(s_t, a_t, r_t)$ 不同，在序贯决策中，策略 p 的决定需要优化未来一段时间 $[t, t+t^+]$ 内的某一指标 $\vec{J}(\vec{s}_t, \vec{a}_t, \vec{r}_t)$，其中 $\vec{s}_t = \{s_t, \cdots, s_{t+t^+}\}$，$\vec{a}_t$ 和 $\vec{r}_t$ 可类似定义。

在序贯决策问题中，指标 $\vec{J}$ 包含了未来时刻的系统状态、行为和奖惩，使得求解空间随之指数增加（例如，求解的状态空间成为 S^{t^+}），这成为序贯决策问题求解中的本质困难所在。

序贯决策理论已应用于众多领域，如天然气管道控制问题[180]，杆平衡问题[181]，口语识别任务[182]，飞行模拟器学习战术决策规则问题[183]，气候突变的威胁[184]，机器人的行为控制[185]，等等。深度强化学习 Q-learning[166] 和 Q-LDA[186] 等近些年发展起来的工具在序贯决策中起到越来越重要的作用[165]。我们将序贯决策上述发展中的一些重要里程碑事件绘制为图 10.2，并将序贯决策在一些典型领域如快递分拣、服务型机器人、飞行器控制和辅助驾驶等的应用形象化展示在图 10.3。相信随着人工智能、机器学习等相关领域的进一步发展，序贯决策相关的理论和应用研究也将得到长足的发展。

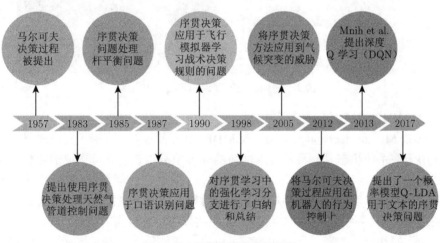

图 10.2 序贯决策的发展历程

序贯决策问题的求解与下述领域密切相关，我们在此给出简单的介绍，详细知识可进一步参考给出的参考文献。

（1）**动态规划（dynamic programming）**。动态规划是求解决策过程最优化问题的典型数学方法。20 世纪 50 年代初美国数学家 Bellman 等在研究多阶段决策过程 (multistep decision process) 的优化问题时，提出了著名的最优化原理 (principle of optimality），把多阶段过程转化为一系列单阶段问题，利用各阶段之间的关系，逐个求解，创立了解决这类过程优化问题的新方法—动态规划。1957 年出版了他的名著《Dynamic Programming》，这是该领域的第一本著作。动态规划适用的问题需要满足两个性质：① 最优子结构（optimal substructure）：整个问题的最优解可以通过求解子问题得到（通过子问题的最优解构造出全局最优解）；② 重叠子问题（overlapping subproblems）：子问题多次重复出现，子问题的求解结果可以储存下来并再次使用[165]。

图 10.3　序列决策的理论和方法的应用示例

（2）**MDP/POMDP**。马尔可夫决策过程（Markov decision process, MDP, partially observable Markov decision process，POMDP；详见第 8 章）可用于建模序贯决策问题，用于在系统状态具有马尔可夫性质的环境中模拟智能体可实现的随机性策略与回报。MDP 包含一组交互对象，即智能体和环境。智能体是 MDP 中进行机器学习的代理，可以感知外界环境的状态进行决策、对环境做出动作并通过环境的反馈调整决策，环境则是 MDP 模型中智能体外部所有事物的集合，其状态会受智能体动作的影响而改变，且上述改变可以完全或部分地被智能体感知。环境在每次决策后可能会反馈给智能体相应的奖励。此外 MDP 存在一些变体，包括部分可观察马尔可夫决策过程、约束马尔可夫决策过程和模糊马尔可夫决策过程[165] 等。

（3）**贝叶斯分析**。贝叶斯分析方法（Bayesian analysis）是贝叶斯学习的基础，它提供了一种计算假设概率的方法，这种方法是基于假设的先验概率、给定假设下观察到不同数据的概率及观察到的数据本身而得出的。该方法将关于未知参数的先验信息与样本信息综合，再根据贝叶斯公式得出后验信息，然后根据后验信息去推断未知参数。贝叶斯方法的特点在于能够充分利用现有的总体信息、经验信息和样本信息等，将统计推断建立在后验分布的基础上。这样不但可以减少因样本量小带来的统计误差，而且在没有数据样本的情况下也可以进行推断。

10.2　人机序贯决策问题的典型场景

本章关心人与机器共同参与的序贯决策问题，或称"人机序贯决策"问题。这包含两种可能的场景：人本身便是参与决策的主体，如人机共驾系统中驾驶员本身对汽车驾驶负有决策责任；人本身并不在原始的决策问题中，但人的介入可以有效提升序贯决策的性能，如机器人在不确定环境下执行搜救任务，观察者可以通过告知机器人自己对环境的理解和对目标的认定等信息帮助机器人实现搜救。从概念上讲，在前一场景中，人原本存在于序贯决策问题中，而在后一场景中，人继生出现于解决序贯决策问题的方法中。为方便，我们在后面分别称两种人机序贯决策问题为"人参与问题"和"人介入方法"的人机序贯决策问题。第 10.2.1 小节和第 10.2.2 小节 分别对上述两类人机序贯决策问题进行详细讨论。

10.2.1　"人参与问题"的人机序贯决策

在很多序贯决策问题中，人本身便是参与决策的主体，如例 10.1 中遥操作微创外科手术的例子。

例 10.1　遥操作微创外科手术中的人机序贯决策问题

在例 1.11 中，我们指出，利用达芬奇外科手术系统，可以通过充分发挥外科专家的人类医学经验和机器的精准操控能力进行高效的遥操作微创外科手术。

容易理解的是，任何外科手术都包含了前后相继的多个步骤，为了达到良好的手术效果，需要从整体优化角度决定每一步骤的手术操作，因此从本质上来说是一个序贯决策的问题；而达芬奇辅助的遥操作微创外科手术中人和机器的共同协作，使得该问题成为我们前面定义的"人参与问题"的人机序贯决策问题。　◇

随着人机混合智能系统越来越成为普遍的和常见的智能形式，"人参与问题"的人机序贯决策也自然变得越来越普遍和重要，因为从概念上讲，所有需要进行序贯决策的人机混合智能系统本身便蕴含了该类人机序贯决策问题。

我们将"人参与问题"的人机序贯决策问题一般框架绘制为图 10.4。在此框架中，人可能存在于两个不同的位置：人[1] 具有某种无可替代的最终决策能力和职责，人^2 则与机器平等协同产生最终决策。更多"人参与问题"的人机序贯决策问题建模和求解的讨论可见第 10.3 节和第 10.4 节。

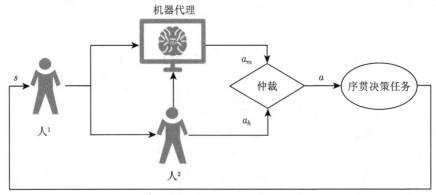

图 10.4　　"人参与问题"的人机序贯决策问题的一般框架

10.2.2　"人介入方法"的人机序贯决策

在很多序贯决策问题中，尽管人原本并不处于问题中，但将人的特殊能力引入到问题的解决方法中可能会大有裨益，如例 10.2 中机器人自主搜救的例子。

例 10.2　机器人自主搜救中的人机序贯决策问题

在一些存在高温、有毒等环境风险或人类难以直接进行的搜救任务中，可利用机器人进行自主搜索和救援。机器人通过配置的各种视觉、红外等传感器发现搜救目标并进而执行搜救任务。

在上述过程中，机器人可依赖自身能力执行完整的搜救任务。但是，大多数搜救任务具有突发性和环境的高度不确定性，机器人往往难以通过事先的训练提升自己对突发的不确定性环境的理解能力，因而搜救效果受到极大的限制。

在上述机器人自主搜救的序贯决策问题中，引入人对不确定环境的认知能力将极大有助于问题的解决，机器人自主搜救也成为人介入传统序贯决策问题解决方法从而提升系统效能的典型例子。　　　　　　　　◇

上述例子启发我们，在机器能力或效果受限的序贯决策问题中，可以充分考虑引入人具有本质优势的方面，通过人与机器在方法上的协同提升原先序贯决策问题的效能。

我们将"人介入方法"的人机序贯决策问题的一般框架绘制为图 10.5。在此框架中，人和机器在问题解决层面上处于对等、协同的位置，共同产生更优的决策。更多"人介入问题"的人机序贯决策问题建模和求解的讨论可见第 10.5 节。

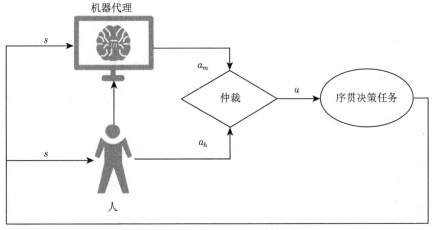

图 10.5　"人介入方法"的人机序贯决策问题的一般框架

10.3　基于 POMDP 方法求解"人参与问题"的人机序贯决策问题

本节介绍基于 POMDP 方法求解"人参与问题"的人机序贯决策问题的一般方法框架和典型示例，其中第 10.3.1 小节介绍基于 POMDP"人参与问题"的人机序贯决策问题的建模和求解方法，第 10.3.2 小节以辅助驾驶为例给出方法的验证。对 POMDP 用于人机共享控制感兴趣的读者可进一步参阅本书第 8 章。

10.3.1　"人参与问题"的人机序贯决策问题的 POMDP 框架概述

人机序贯决策问题中人的状态（比如意图）往往难以直接明确测量，但在系统中却可能起重要作用，比如，驾驶辅助系统需要在驾驶员的意图不能明确探知情况下保持驾驶员和车辆的安全性[187,188]，服务机器人需要按照人的意图提供适当的响应[189-191]，搜救辅助机器人需要按照人的意图行进[192]，等等。

受到 POMDP 中可观察和不可观察概念的启发，通过将人机序贯决策问题中人的状态建模为不可观察的隐藏状态，可以在 POMDP 框架下描述人机序贯决策问题[193-195]。该模型以八元组 $(S^h, S^m, A^h, A^m, O, T^h, T^m, \Omega)$ 表示[104]，其中含义如下。

（1）$S^h = \{s^h_{(1)}, s^h_{(2)}, \cdots, s^h_{(N_h)}\}$ 表示人的离散状态的有限集合，人在 k 时刻的状态 $s^h_k \in S^h$。

（2）$S^m \subseteq R^n$ 表示机器的状态集合，机器在 k 时刻的状态 $s_k^m \in S^m$。人与机器的混合状态空间为 $S = S^h \times S^m$。

（3）$A^h = \{a_{(1)}^h, a_{(2)}^h, \cdots, a_{(N_h)}^h\}$ 表示影响离散状态转移的人的行为的有限集合，人在 k 时刻的行为 $a_k^h \in A^h$。

（4）$A^m = \{a_{(1)}^m, a_{(2)}^m, \cdots, a_{(N_h)}^m\}$ 表示影响连续状态转换的机器的行为空间，机器在 k 时刻的行为 $a_k^m \in A^m$。

（5）$O = O^h \times O^m$ 表示观测空间，O^h 指离散状态的观测空间，O^m 指连续状态的观测空间。

（6）$T_h(s_{k+1}^h | s_k, a_k^h, a_k^m)$：$S_h \times S_m \times In \rightarrow [0,1]$ 表示分配 s_{k+1}^h 概率分布的离散转移核，$s_k \in S$。

（7）$T_m(s_{k+1}^m | s_{k+1}^h, s_k, a_k^h, a_k^m)$，$s_k \in S$ 表示机器的连续状态空间 S^m 所对应的转移概率度量。

（8）$\Omega(o_k | s_k, a_{k-1}^h, a_{k-1}^m)$ 是 Borel 可观察或可测量的随机内核，用来分配 o_k 的概率测度。

为了简化问题，一般做如下假设：① 当前时刻 k，人的状态转移仅依赖于 $s_k^h \in S^h$ 和 $a_k^h \in A^h$：$T_h(s_{k+1}^h | s_k, a_k^h, a_k^m) = T_h(s_{k+1}^h | s_k^h, a_k^h)$；② 当前时刻 k，机器的状态转移仅依赖于 $s_k^h \in S^h, s_k^m \in S^m, a_k^m \in A^m$：$T_m(s_{k+1}^m | s_{k+1}^h, s_k, a_k^h, a_k^m) = T_m(s_{k+1}^m | s_{k+1}^h, s_k^m, a_k^m)$；③ 观测核 Ω 不依赖于控制输入，并且可以进行分解：$\Omega(o_k | s_k, a_{k-1}^h, a_{k-1}^m) = \Omega_h(o^h | s_k^h) \times \Omega_m(o^m | s_k^m)$，其中 Ω_h 和 Ω_m 分别为离散状态的观测核和连续状态的观测核。

人机序贯决策问题需要求解一列人和机器的控制输入 $(a_k^h, a_k^m), k = 0, \cdots, m$，以优化如下的累积奖赏：

$$J_m^\pi(b_0) = \sum_{k=0}^m \gamma^k \mathbb{E}_{s_k}[R(s_k, a_k^h, a_k^m)], \quad s_k \in S, a_k^h \in A^h, a_k^m \in A^m \qquad (10.1)$$

其中，$0 \leqslant \gamma \leqslant 1$ 是折扣因子，且 $(a_k^h, a_k^m) = \pi_k(b_k)$。这里信念 b_k 表示 k 时刻的系统状态 $s_k = (s_k^h, s_k^m)$ 的概率分布，$\int_{s \in S} b(s)\mathrm{d}s = 1$。在每个时间步，信念是动态更新的，比如在时刻 $k+1$，已知 k 时刻的系统状态信念 b_k，决策行为为 (a_k^h, a_k^m)，观察状态为 $o_{k+1} = (o_{k+1}^h, o_{k+1}^m)$ 时，系统状态为 s_{k+1} 的新信念可表示为 $b_{k+1}^{a_k^h, a_k^m, o_{k+1}}(s_{k+1}) = P(s_{k+1} | a_k^h, a_k^m, o_{k+1}, b_k)$。

将人机序贯决策问题按上述方式建模，利用一类特殊的离散状态被隐藏、连续状态可完全观察的随机混合系统，使用局部二次函数逼近值函数，并通过最优值函数的下限替代完整更新以减少计算时间，便可有效求解上述人机序贯决策模型[104]。

10.3.2 人机系统的 POMDP 框架实现驾驶辅助系统中的 "车道保持"

本小节以例 10.3 中带有驾驶员注意力监测的车道保持驾驶辅助功能设计为例，介绍 POMDP 方法在人机序贯决策中的典型应用。

> **例 10.3 带有驾驶员注意力监测的车道保持中的人机序贯决策问题**
>
> "车道保持" 驾驶辅助功能可以不断监测车辆在车道中的位置，当检测到车辆偏离车道中央一定距离时，就会对人类驾驶员发出警告提醒，甚至进行主动介入微调，以避免可能发生的危险。
>
> 可以注意到的是，在很多情况下车辆的异常状态是由人的注意力不够集中引发的，现有的 "车道保持" 驾驶辅助功能只依靠车辆在车道中的位置作为车辆异常状态的标准，未能考虑从人的注意力不集中到产生车辆异常状态之间的时间差，而这个时间差在高速运动的车辆上可能是至关重要的。
>
> 因此，将驾驶员的注意力监测纳入到 "车道保持" 功能中是有意义的。在图 10.6 所示的带有驾驶员注意力监测的车道保持驾驶辅助功能示意图中，不管是车辆在车道中的位置发生偏移，还是驾驶员的注意力状态不集中，"车道保持" 功能都将发出警示信号，而只有在上述两种情况同时出现时才进行强制干预。
>
> 一方面，上述带有驾驶员注意力监测的车道保持驾驶辅助功能通过人类智能和机器智能的混合实现车道保持的目的，人类驾驶员本身便参与到问题本身，是决策主体的一部分，这对应于第 10.2.1 小节 "人参与问题" 的人机序贯决策的界定。另一方面，人类驾驶员的注意力状态难以直接获得，基于 POMDP 中 "可观测和不可观测" 的概念，利用第 10.3.1 小节中的 POMDP 框架对这一 "人参与问题" 的人机序贯决策问题进行建模是合适的。 ◇

例 10.3 中基于 POMDP 建模的八元组 $(S^h, S^m, A^h, A^m, O, T^h, T^m, \Omega)$ 可表示如下。

（1）驾驶员的离散状态集合 $S^h = \{0,1\}$，k 时刻驾驶员的状态 $s_k^h = 0$ 表示注意力不集中，$s_k^h = 1$ 表示注意力集中。

（2）车辆的连续状态空间 $S^m = [-s_{max}^m, s_{max}^m]$，其中 $s_{max}^m = \max|s_l^m - s_r^m|$，$s_l^m$ 和 s_r^m 分别是车辆离左右两侧车道边界的距离。机器在 k 时刻的状态 $s_k^m > 0$ 表示车辆偏向右侧车道线，$s_k^m < 0$ 表示车辆偏向左侧车道线，$s_k^m = 0$ 表示车辆在车道中线。

（3）驾驶员的行为集合为 $A^h = [-a_{max}^h, a_{max}^h]$，其中 a_{max}^h 表示驾驶员可即时调

整车辆行驶方向的最大幅度，负值和正值分别表示向左和向右调整。

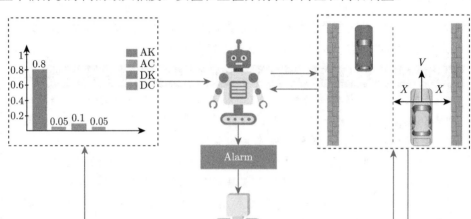

图 10.6　人在环内——基于 POMDP 的驾驶辅助系统示意图

（4）车辆的行为集合由车辆偏离中线的警报信号和车辆可能进行的微调动作共同构成，即 $A^m = A^{m1} \times A^{m2}$，其中警报信号集合 $A^{m1} = \{0,1\}$，微调动作空间为 $A^{m2} = [-a^{m2}_{\max}, a^{m2}_{\max}]$，其中 k 时刻的警报信号 $a^{m1}_k = 1$ 表示警报开启，$a^{m1}_k = 0$ 表示警报关闭；$a^{m2}_{\max}$ 表示"车道保持"功能可即时调整车辆行驶方向的最大幅度，负值和正值分别表示向左和向右调整。

（5）驾驶员离散状态的观测空间 $O = \{o^h(1) = $ 驾驶员未受干扰，$o^h(2) = $ 驾驶员受到干扰 (如因疲惫闭眼)$\}$。

（6）驾驶员的离散状态转移核可记为 $T_h(s^h_{k+1}|s^h_k, a^{m1}_k, o^h_k)$。

（7）机器的连续状态转移 T_m 遵从式 (10.2)。

（8）观测函数 $\Omega(o|s)$ 衡量测量的准确性，可以从实验数据中获得。

进一步的，奖励函数 $R(s^h, s^m, a^h, a^m)$ 对车辆靠近车道中心给予高奖励，并惩罚对驾驶员的警告和对车辆的干预。

带有上述车道保持驾驶辅助功能的车辆行驶可建立如下的原理模型：

$$s^m_{k+1} = s^m_k - a^h_k - (1 - s^h_k)(1 - \sigma(s^m_k))a^{m2}_k \tag{10.2}$$

其中，$\sigma(s^m_k)$ 是检测车道偏离的示性函数，可通过偏离阈值 s_e 定义如下：

$$\sigma(s^m_k) = \begin{cases} 0, & |s^m_k| \geqslant s_e \\ 1, & |s^m_k| < s_e \end{cases} \tag{10.3}$$

驾驶员对车道偏离的影响 a^h_k 受其注意力的影响：在驾驶员注意力良好情况下（$s^h_k = 1$），驾驶员的操作会减少车道偏离 s^m_k；当驾驶员注意力不集中情况下

($s_k^h = 0$)，驾驶员的操作会以不可预料的方式影响车道偏离 s_k^m；车道偏离警报信号开启（$a_k^{m1} = 1$）可以提升驾驶员的注意力水平，从而使得驾驶员采取较优的操作。至于对 a_k^h 的细致刻画，则应对具体的驾驶员有针对性地进行。

针对例 10.3 的"车道保持"问题场景，上述讨论给出了基于 POMDP 的建模方案，具体求解过程这里不再赘述，感兴趣的读者可参见文献 [153]、[160]、[162] 等。

10.4 基于 MPC 方法求解"人参与问题"的人机序贯决策问题

面对系统约束，POMDP 只能通过将约束嵌入到目标函数中进行间接表达，这限制了基于 POMDP 框架的人机序贯决策方案在存在硬约束场景下的适用性，而模型预测控制（model predictive control, MPC）可以显式直接表达对状态和控制输入的硬约束，这使得基于 MPC 方案求解人机序贯决策问题成为这种场景下的良好选择。

本节介绍基于 MPC 方法求解"人参与问题"的人机序贯决策问题的一般方法框架和典型示例，其中第 10.4.1 小节介绍"人参与问题"的人机序贯决策问题基于 MPC 的建模和求解方法，第 10.4.2 小节以辅助驾驶为例给出该方法的验证。

10.4.1 "人参与问题"的人机序贯决策问题的 MPC 框架概述

在很多人机混合智能系统中，如果机器能够知晓人的意图，将有助于其进行有效的决策和高效的人机协作。但是，人的意图往往难以在系统中明确、显式地表达出来，而从人的心理和生理信号直接判断人的意图的方法尚不成熟，应用上受到较大的限制，大多数时候需要从人类的外部行为中推断人的内部意图。对应于第 10.2.1 小节中"人参与问题"的人机序贯决策场景，本节使用 MPC 方法对包含人的意图推理的人机序贯决策问题进行建模并优化求解。

为简化问题，假设人有 K 种可能的意图，由于无法获知准确的意图，只能维护意图的以信念描述的概率分布，即 $b_t = [b_t(1), \cdots, b_t(K)]^{\mathrm{T}}$，其中，$b_t(j)$ 是在时间 t 时人具有意图 j 的概率。系统状态的转移依赖人的意图，即

$$s_{t+1}^h = f_j^h(s_t^h, a_t^h, \omega_t^h), \quad \text{如果当前为意图} j \tag{10.4a}$$

$$s_{t+1}^m = f^m(s_t^m, s_t^h, a_t^m, \omega_t^m) \tag{10.4b}$$

其中，f_j^h 是相应于意图 j 的状态转移函数，s_t^h 和 s_t^m 分别表示在时间 t 时人的状态和机器的状态，a_t^h 和 a_t^m 分别是在时间 t 时人和机器代理的控制输入，ω_t^h 和 ω_t^m 分别为人和机器的噪声。

对于每个时间步 t，需要：① 观察当前状态 $s_t = [s_t^h, s_t^m]$，找到最佳控制输入 a_t^{m*}，以最小化在受到约束和动态影响的情况下的成本函数；② 根据观察到的状态 s_t 和控制输入 a_t^{m*}，利用贝叶斯规则更新置信度 $b_{t+1} \propto b_t P(s_{t+1}|s_t, a_t^{m*}, j)$。

求取 a_t^{m*} 的过程可写为最小化如下目标函数的 MPC 问题：

$$\min_{a_t^m} \sum_{j=1}^{K} \sum_{\tau=t}^{t+N-1} \mathbb{E}[J(s_\tau^j, a_\tau^j)] b_t(j)$$

$$+ \lambda H(b_t) \sum_{\tau=t+1}^{t+N-1} \left(-\sum_{i<j} D_{\text{KL}}(s_\tau^i \| s_\tau^j) + \frac{1}{2} \varsigma \sum_{j=2}^{K} \|a_\tau^1 - a_\tau^j\|^2 \right) \qquad (10.5a)$$

其约束条件为

$$s_t^j = s_t, \quad \forall j = 1, \cdots, K \qquad (10.5b)$$

$$s_{\tau+1}^j = f_j(s_\tau^j, a_\tau^j, \omega^j), \quad \forall j, \tau \qquad (10.5c)$$

$$Pr(s_\tau^j \in F) \geqslant p, \quad \forall j, \tau \qquad (10.5d)$$

$$a_{\min} \leqslant a_\tau^j \leqslant a_{\max}, \quad \forall j, \tau \qquad (10.5e)$$

$$a_t^1 = a_t^j, \quad \forall j = 2, \cdots, K \qquad (10.5f)$$

其中，N 是模型预测控制所考虑的长度。我们需要确保无论什么意图，轨迹 $s_{t:t+N-1}$ 均满足约束条件。上述优化问题中的成本函数 (10.5a) 的第一项是预期的累积成本，其中 $J(s_\tau^j, a_\tau^j)$ 是可以在控制输入 a_τ^j 和状态 s_τ^j 中获得的瞬时成本。第二项试图鼓励探索系统处于哪种模式，其中 $D_{\text{KL}}(s_\tau^i \| s_\tau^j)$ 在时间 τ 的两个状态处于模式 i 和 j 的 KL 散度。由式 (10.5a) 可知，通过最大化 KL 散度并最小化不同模式下控制输入的差异，优化器将倾向于生成促使差异化轨迹的控制输入，以便我们可以获得系统处于某种模式的更多信息。这有利于考虑模型中尽可能多的隐藏意图，从而增加人类响应的多样性。该方法侧重于帮助智能代理辨别人类行为具有高不确定性情况下的隐藏意图，而如果人类意图较为明晰，则仍将重点放在完成任务上。

综上，通过建立式 (10.4) 所示基于意图推理的人机序贯决策问题的动态转移模型和对式 (10.5) 中基于意图推理的人机序贯决策问题的优化过程进行建模，随后进行问题求解。通过观察系统当前状态 s_t，然后找到最佳控制输入 a_t，以使成本函数在受到约束和动态影响的情况下最小化。之后根据观察到的状态 s_t 和控制输入 a_t 更新信念 b_{t+1}（$t+1$ 时刻各意图的概率分布），如此循环进行下去。

10.4.2　人机系统的 MPC 框架实现辅助驾驶系统中的"车辆变道"

本小节以例 10.4 中的"车辆变道"辅助驾驶功能设计为例，介绍模型预测控制方法在人机序贯决策中的典型应用。

例 10.4   "车辆变道" 辅助驾驶功能中的人机序贯决策问题

图 10.7 给出了自动驾驶和有人驾驶混合出行的未来世界中的一种 "车辆变道" 场景。自动驾驶的下方车辆需要在时间点 $t6'$ 之前完成变道,为此它需要观察在主道路上可能有人驾驶的上方车辆的驾驶情况,如果它确定有人驾驶车辆的驾驶员(或者自动驾驶系统)偏好斗竞争,则尽可能减速容让其先行;如果有人驾驶车辆的驾驶员(或者自动驾驶系统)偏温和礼让,则应尽快加速完成变道。

在上述 "车辆变道" 场景,对有人驾驶车辆驾驶 "性格" 的估计是变道过程不可忽略的因素,从而可以在第 10.2.1 小节讨论的 "人参与问题" 的人机序贯决策框架下进行描述。注意到驾驶 "性格" 难以通过直接测量获得,基于第 10.4 节中所考虑的 MPC 对隐藏意图的探索和利用,利用 MPC框架对此场景进行建模是合理的。   ◇

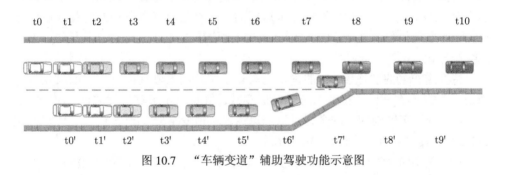

图 10.7   "车辆变道" 辅助驾驶功能示意图

针对上述例 10.4 的人机共驾中的车辆变道问题,基于模型预测控制的方法框架建模如下。

记车辆变道辅助驾驶系统的状态为 $s_t = [d_t^h, v_t^h, d_t^m, v_t^m]^{\mathrm{T}}$,其中 d_t^h 和 d_t^m 分别表示 t 时刻两车到车道变窄处的距离,v_t^h 和 v_t^m 分别对应 t 时刻两车的速度,上标 h 和 m 分别表示竞争车辆(图 10.7 中上方车辆)和待变道车辆(图 10.7 中下方车辆)。

待变道车辆行进过程中通过意图推理按如下方式更新对图 10.7 中竞争车辆的驾驶性格的判断:

$$b_{t+1}(c^h) \propto b_t(j)P(s_{t+1}|s_t, a_t^*, c^h) \tag{10.6}$$

其中,c^h 可取两种不同的驾驶 "性格" 之一($c^h = 1$:好斗的;$c^h = 2$:礼貌的),$P(s_{t+1}|s_t, u_t^*, c^h) \propto \dfrac{1}{\sqrt{(2\pi)^n |\Sigma_{t+1}^{c^h}|}} \times \exp\left(\dfrac{1}{2}(s_{t+1} - f_{c^h}^h(s_t^h, a_t^h, 0))^T (\Sigma_{t+1}^{c^h})^{-1}(s_{t+1} - $

$f_{c^h}^h(s_t^h, a_t^h, 0))\Big)$ 依据贝叶斯推理可得。

依据不同的驾驶性格，两车的动力学模型可如下刻画：

$$s_{t+1} = \begin{cases} As_t + Ba_t^m + C, & \text{若 } |d_t^h - d_t^m| < D_{\text{react}} \text{ 且 } c^h = 1 \\ As_t + Ba_t^m - C, & \text{若 } |d_t^h - d_t^m| < D_{\text{react}} \text{ 且 } c^h = 2 \\ As_t + Ba_t^m, & \text{其他情况} \end{cases} \tag{10.7}$$

其中

$$A = \begin{bmatrix} 1 & \Delta t & 0 & 0 \\ 0 & 1 & 0 & 0 \\ 0 & 0 & 1 & \Delta t \\ 0 & 0 & 0 & 1 \end{bmatrix}, \quad B = \begin{bmatrix} 0 \\ 0 \\ 0 \\ \Delta t \end{bmatrix}, \quad C = \begin{bmatrix} 0 \\ a_t^h \\ 0 \\ 0 \end{bmatrix}$$

在式 (10.7) 中，当待变道车辆和竞争车辆离车道变窄处的距离差小于某给定的安全距离 D_{react} 时，对系统下一步运行的估计将与对竞争车辆的驾驶性格估计有关：如果竞争车辆是好斗的（$c^h = 1$），则预估其会以 a_t^h 加速度加速通过；反之则会减速让行。

待变道车辆的加速度 a_t^m 的确定也与竞争车辆的驾驶性格有关：如果竞争车辆是好斗的（$c^h = 1$），待变道车辆应适度减速等待竞争车辆先行通过（$a_t^m \leqslant 0$）；反之，待变道车辆则应在安全许可下加速通过车道变窄处（$a_t^m > 0$），完成车辆变道。a_t^m 的具体值通过求解式 (10.5) 得到。

针对例 10.4 的"车辆变道"问题场景，上述讨论给出了基于模型预测控制方法的建模方案，具体求解过程不再赘述，感兴趣的读者可参见文献 [153]、[160]、[162] 等。

10.5　基于 RL 方案求解"人介入方法"的人机序贯决策问题

从序贯决策依赖 MDP 的事实（第 10.1 节）和 MDP 与强化学习之间的密切关系（第 9.1 节）容易得知，基于强化学习实现人机序贯决策是一个自然的考虑。本节讨论如何利用强化学习构建人机共享控制统一框架，以提高传统序贯决策性能。第 10.5.1 小节描述了基于强化学习方法的人机共享控制统一框架，第 10.5.2 小节则给出实例验证。关于强化学习的详细介绍，详见第 9 章，这里不再赘述。

10.5.1　"人介入方法"的人机序贯决策问题的 RL 框架概述

强化学习的一般框架可由四要素 (s_t, a_t, r_t, p) 表示，其中 s_t、a_t 和 r_t 分别表示 t 时刻系统的状态、决策和奖励，而 $p = \{s_{t+1}|s_t, a_t\}$ 则表示转移概率。强化学习关

注智能体如何在环境中采取合适的行动以最大限度提高累积奖励。强化学习问题的最优策略求解可以通过求解最优值函数得到, 而最优值函数的求解就是优化贝尔曼方程, 也就是, 强化学习的求解最后演化成了优化如下贝尔曼方程:

$$Q(s_t, a_t) = R(s_t, a_t) + \gamma \sum_{s_{t+1}} P(s_t, a_t, s_{t+1}) Q(s_{t+1}, a_{t+1}) \qquad (10.8)$$

可通过如下改造强化学习一般框架中的决策行为, 使得强化学习得以建模第 10.2.2 小节中 "人介入方法" 的人机序贯决策问题:

$$a_t = f^a(a_t^h, a_t^m) \qquad (10.9)$$

其中, f^a 表示对机器代理决策和人类行为决策的仲裁函数, a_t^h 对应人类行为。

基于强化学习方法求解 "人介入方法" 的人机序贯决策问题的一般框架如图 10.8 所示。

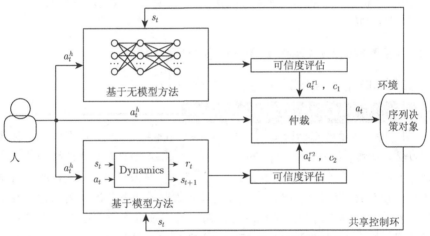

图 10.8　基于 RL 方法的人机序贯决策控制框架

在该框架中, 人、无模型强化学习模块和 (或) 有模型强化学习模块根据系统当前状态 s_t 独立生成各自行为 a_t^h, a_t^{m1} (及其可信度 c_t^{m1}) 和 (或) a_t^{m2} (及其可信度 c_t^{m2}), 这些行为进而在安全约束下输入到仲裁模块中, 产生最终的行为 a_t:

$$a_t = \begin{cases} a_t^{m1}, & \{a_t^{m1} \text{ 安全}\&a_t^{m2} \text{ 不安全}\} \mid \{(a_t^{m1} \text{ 和}a_t^{m2} \text{ 都安全})\&(c_t^{m1} > c_t^{m2})\} \\ a_t^{m2}, & \{a_t^{m1} \text{ 不安全}\&a_t^{m2} \text{ 安全}\} \mid \{(a_t^{m1} \text{ 和}a_t^{m2} \text{ 都安全})\&(c_t^{m1} < c_t^{m2})\} \\ a_t^h, & a_t^{m1} \text{ 和}a_t^{m2} \text{ 都不安全} \end{cases}$$

$$(10.10)$$

其中, 可信度 c_t^{m1} 和 c_t^{m2} 可使用 MC dropout[49] 方法计算:

$$\mathbb{E}[\bar{a}_t^m] \approx \frac{1}{T} \sum_{t=1}^{T} f^\theta(a_t^m) \tag{10.11a}$$

$$\mathrm{Var}[\bar{a}_t^m] \approx \tau^{-1} I + \frac{1}{T} \sum_{t=1}^{T} f^\theta(a_t^m)^{\mathrm{T}} f^\theta(a_t^m) - \mathbb{E}[\bar{a}_t^m]^{\mathrm{T}} \mathbb{E}[\bar{a}_t^m] \tag{10.11b}$$

安全约束则作如下理解：

$$\begin{cases} a_t \text{ 安全,} & \text{如果 } a_t = p(s_t) \text{ 导致 } (s_t, \cdots, s_{t+K}, \ldots) \\ a_t \text{ 不安全,} & \text{如果 } a_t = p(s_t) \text{ 导致 } (s_t, \cdots, s_{t+K-1}) \end{cases} \tag{10.12}$$

与常规没有人类参与的基于强化学习的序贯决策方法相比，图 10.8 所示的框架因为人的加入在两个方面改进了强化学习方法的效果。首先，人的经验加入到强化学习的训练过程中，改善了强化学习随机初始化缺乏方向性的缺点；其次，如式 (10.10)，人的决策直接参与到仲裁模块中，实现了在系统发生异常情况下人对系统的最终控制权。

10.5.2　人机系统的 RL 框架实现倒立摆系统性能的提升

考虑例 10.5 中的倒立摆系统——CartPole 模型。

例 10.5　倒立摆系统——CartPole 模型

图 10.9 所示的 CartPole 倒立摆游戏是 OpenAI Gym 中广为使用的强化学习仿真模型。游戏开始时，CartPole 倒立摆系统处于某种随机的初始状态 $s = (x, \dot{x}, \theta, \dot{\theta})$ 中（以小车位置 x、小车速度 $\dot{x}$、杆倾斜角度 θ、杆的倾斜角速度 $\dot{\theta}$ 等参数刻画），训练的算法可通过左右移动小车，使得倒立摆系统最终达到杆近乎垂直的动态平衡状态，而在这一过程中，若小车超出某一位置范围（如 $[-3.5, 3.5]$）或杆的倾斜角度 θ 超过某一程度（如 $[-1.5\pi, 1.5\pi]$）都将使得该次游戏失败。

人原本并不在上述 CartPole 倒立摆游戏中，但人类智能的优越性和独特性却可能在此决策过程中发挥作用，使得我们可以考虑利用第 10.5.1 小节中的强化学习人机序贯决策框架对问题建模和求解。　　　　　　◇

将机器智能与人类智能相结合进行 CartPole 的训练可以提升完全自主机器代理的学习速度和策略更新能力，为此将例 10.5 建模如下。

（1）倒立摆系统状态 $s_t = (x_t, \dot{x}_t, \theta_t, \dot{\theta}_t)$。

（2）与系统状态相对应的决策行为 a_t 从 $a_t^h / a_t^{m1} / a_t^{m2}$ 中选择。

（3）倒立摆系统在系统状态 s_t 执行动作 a_t 获得的奖励 r_t。

（4）倒立摆系统在系统状态 s_t 执行动作 a_t，转移到下一状态的概率 $p = \{s_{t+1}|s_t, a_t\}$。

episode 10

图 10.9 倒立摆 CartPole 模型

基于 RL 方法的人机序贯决策控制框架如图 10.8。在该框架中，事先搜集人类控制小车的经验轨迹作为机器代理训练的先验知识，较随机初始化可较大提升网络的训练速度。之后，两个机器代理根据倒立摆系统状态 s 和机器代理自身学习策略 p^1 和 p^2 计算与系统状态相对应的动作值 a_t^{m1} 和 a_t^{m2} 及其可信度 c_t^{m1} 和 c_t^{m1}，作为安全性约束判断和仲裁的输入信号。仲裁以满足安全性约束为前提，在两个机器代理决策和人类输入行为之间进行选择。如此循环直至到达游戏终止条件。

图 10.10 分别描绘了四种不同的算法在训练第 100 个 episode 时的运动轨迹，其中 x，$\sin(\theta)$，$\cos(\theta)$ 分别代表 CartPole 小车的坐标位置，以及与小车连接的直杆倾斜角度的正弦值及余弦值。对比这三个参数的轨迹走势可知，有人参与的算法（DMH1，DMH2，DMH12）不同程度上提升了训练效果。

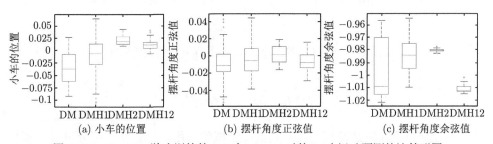

(a) 小车的位置   (b) 摆杆角度正弦值   (c) 摆杆角度余弦值

图 10.10 CartPole 游戏训练第 100 个 episode 时的 40 步运动预测轨迹箱形图

图 10.11 中给出四种不同算法训练 CartPole 游戏获得的奖励对比。其中，图 10.11(a) 表示两种不同的机器算法共同作用于该 CartPole 环境的奖励效果；图 10.11(b) 表示首次将人的因素融入控制过程，利用人的控制轨迹作为模型及策略训练的样本集；图 10.11(c) 表示不仅在初始训练样本集的获取上参考人的建议，在整个闭环控制过程中，人均对决策有影响（这不代表人享有更高优先级的决策权，而是代理根据人和机器各自决策预测未来的运动轨迹，从而选择更安全有效的控制信号）；图 10.11(d) 表示让人参与协作控制的第二次尝试（人参与进完整的控制闭环，通过人与机器决策的预测对比，仲裁选择更优的动作）。由图 10.11 可以看

出，人机协作对于训练速度有很大的效果提升。

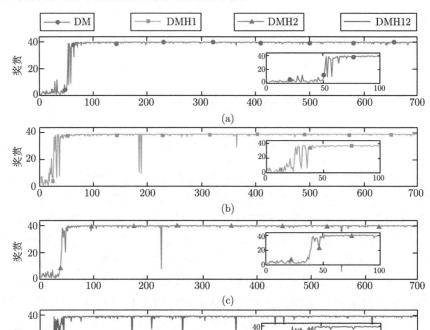

图 10.11　四种不同算法训练 CartPole 游戏获得的奖励对比

10.6　本章小结

本章介绍了人机共享控制在序列决策领域的作用，包括基于部分可观马尔可夫决策（POMDP）、模型预测控制（MPC）和强化学习（RL）等的几种人机序贯决策方案。POMDP 固有的隐藏状态属性有助于推断人的意图或人的生理状态，因此基于 POMDP 集成包含人、机器及其之间的交互框架成为人机协作解决序列决策问题的有效方式。MPC 方案在成本函数受到约束、动态干扰影响等情况下具有优势，强化学习方案则在问题依赖数据驱动的场景下发挥重要作用。

如第 10.2 节所述，人机序贯决策不仅在人本身参与问题的序贯决策问题中提升系统性能，也可能在人本身不在问题中但通过"人介入方法"提供序贯决策问题的新的有价值的解决方案，这使得人在环内的人机序贯决策成为序贯决策领域一个重要的研究方向。

参 考 文 献

[1] 赵云波. 人机混合的智能控制 [M]//王飞跃, 陈俊龙. 智能控制: 方法与应用. 北京: 中国科学技术出版社, 2020: 423-435.

[2] 郭雷. 系统学是什么 [J]. 系统科学与数学, 2016, 36(3): 291-301.

[3] Bainbridge L. Ironies of automation[J]. Automatica, 1983, 19(6): 775-779.

[4] Bibby K, Margulies F, Rijnsdorp J, et al. Man's role in control systems[J]. IFAC Proceedings Volumes, 1975, 8(1): 664-683.

[5] Corno M, Giani P, Tanelli M, et al. Human-in-the-loop bicycle control via active heart rate regulation[J]. IEEE Transactions on Control Systems Technology, 2015, 23(3): 1029-1040.

[6] de Spiegeleire S, Maas M, Sweijs T. Artificial Intelligence and the Future of Defense[M]. London: Chatham House for the Royal Institute of International Affairs, 2017.

[7] Sparrow R. Killer robots[J]. Journal of Applied Philosophy, 2007, 24(1): 62-77.

[8] de Boisboissel G. Uses of lethal autonomous weapon systems[C]. International Conference on Military Technologies (ICMT) 2015, 2015: 1-6.

[9] Altmann J, Sauer F. Autonomous weapon systems and strategic stability[J]. Survival, 2017, 59(5): 117-142.

[10] Suhir E. Human-in-the-loop (HITL): probabilistic predictive modeling (PPM) of an aerospace mission/situation outcome[J]. Aerospace, 2014, 1(3): 101-136.

[11] 专家会议. 自主武器系统: 技术、军事、法律和人道视角 [R]. 瑞士日内瓦: 红十字国际委员会, 2014.

[12] 专家会议. 自主武器系统: 增强武器关键功能的自主性带来的影响 [R]. 瑞士韦尔苏瓦: 红十字国际委员会, 2016.

[13] Lenz I, Knepper R, Saxena A. DeepMPC: learning deep latent features for model predictive control[C]. Robotics: Science and Systems, 2015.

[14] Kato N, Fadlullah Z M, Mao B, et al. The deep learning vision for heterogeneous network traffic control: proposal, challenges, and future perspective[J]. IEEE Wireless Communication, 2017, 24(3): 146-153.

[15] Ma X, Yu H, Wang Y, et al. Large-scale transportation network congestion evolution prediction using deep learning theory[J]. PLoS ONE, 2015, 10(3): e0119044.

[16] Mao B, Fadlullah Z M, Tang F, et al. Routing or computing? The paradigm shift towards intelligent computer network packet transmission based on deep learning[J]. IEEE Transactions on Computers, 2017, 66(11): 1946-1960.

[17] Fadlullah Z M, Tang F, Mao B, et al. State-of-the-art deep learning: evolving machine intelligence toward tomorrow's intelligent network traffic control systems[J]. IEEE Communications Surveys & Tutorials, 2017, 19(4): 2432-2455.

[18] Huang W, Song G, Hong H, et al. Deep architecture for traffic flow prediction: deep belief networks with multitask learning[J]. IEEE Transactions on Intelligent Transportation Systems, 2014, 15(5): 2191-2201.

[19] Becker H, Becker F, Abe R, et al. Impact of vehicle automation and electric propulsion on production costs for mobility services worldwide[J]. Transportation Research Part A: Policy and Practice, 2020, 138: 105-126.

[20] Turing A M. Computing machinery and intelligence[J]. Mind, 1950, LIX(236): 433-460.

[21] McCarthy J, Minsky M, Rochester N, et al. Aproposal for the dartmouth summer research project on artifical intelligence[R/OL]. http://www-formal.stanford.edu/jmc/history/dartmouth/dartmouth.html[2020-7-1].

[22] Searle J R. Mind, language, and Society: Philosophy in the Real World[M]. New York: Basic Books, 1999.

[23] Russell S J, Norvig P, Davis E, et al. Artificial Intelligence: A Modern Approach[M]. 3rd edition. New Jersey: Pearson Education, 2016.

[24] Grace K, Salvatier J, Dafoe A, et al. Viewpoint: when will AI exceed human performance? Evidence from AI experts[J]. Journal of Artificial Intelligence Research, 2018, 62: 729-754.

[25] Tang M, Wu F, Zhao L L, et al. Detection of distracted driving based on multi-granularity and middle-level features[C]. China Automation Congress, 2020: 6.

[26] Wu Z, Pan Y, Ye Q, et al. The city intelligence quotient (city IQ) evaluation system: conception and evaluation[J]. Engineering, 2016, 2(2): 196-211.

[27] Brown M F, Brown A A. The promise of cyborg intelligence[J]. Learning & Behavior, 2016, 45(1): 5-6.

[28] Zheng N N, Liu Z Y, Ren P J, et al. Hybrid-augmented intelligence: collaboration and cognition[J]. Frontiers of Information Technology & Electronic Engineering, 2017, 18(2): 153-179.

[29] Domaszewicz J, Lalis S, Pruszkowski A, et al. Soft actuation: smart home and office with human-in-the-loop[J]. IEEE Pervasive Computing, 2016, 15(1): 48-56.

[30] Tahboub K A. Intelligent human-machine interaction based on dynamic Bayesian networks probabilistic intention recognition[J]. Journal of Intelligent and Robotic Systems, 2006, 45(1): 31-52.

[31] Ding Y, Kim M, Kuindersma S, et al. Human-in-the-loop optimization of hip assistance with a soft exosuit during walking[J]. Science Robotics, 2018, 3(15): eaar5438.

[32] Kim M, Ding Y, Malcolm P, et al. Human-in-the-loop Bayesian optimization of wearable device parameters[J]. PLoS ONE, 2017, 12(9): e0184054-15.

[33] Liu M, Curet M. A review of training research and virtual reality simulators for the da vinci surgical system[J]. Teaching and Learning in Medicine, 2015, 27(1): 12-26.

[34] Santoni de Sio F, van den Hoven J. Meaningful human control over autonomous systems: a philosophical account[J]. Frontiers in Robotics and AI, 2018, 5: 73.

[35] Fong R C, Scheirer W J, Cox D D. Using human brain activity to guide machine learning[J]. Scientific Reports, 2018, 8(1): 1.

[36] Kamar E. Directions in hybrid intelligence: complementing AI systems with human intelligence[C]. Proceedings of the 25th International Joint Conference on Artificial Intelligence, 2016: 4070-4073.

[37] Boulanin V, Verbruggen M. Mapping the development of autonomy in weapon systems[R]. Stockholm International Peace Research Institute (SIPRI), 2017.

[38] Grote G, Weyer J, Stanton N A. Beyond human-centred automation-concepts for human-machine interaction in multi-layered networks[J]. Ergonomics, 2014, 57(3): 289-294.

[39] Barredo Arrieta A, Díaz-Rodríguez N, Del Ser J, et al. Explainable artificial intelligence (XAI): concepts, taxonomies, opportunities and challenges toward responsible AI[J]. Information Fusion, 2020, 58: 82-115.

[40] Wang D, Yang Q, Abdul A, et al. Designing theory-driven user-centric explainable AI[C]. CHI Conference, 2019: 1-15.

[41] Alexandrov N. Explainable AI decisions for human-autonomy interactions[C]. AIAA Aviation Technology, Integration, and Operations Conference, 2017: 105-107.

[42] Zhu J, Liapis A, Risi S, et al. Explainable AI for designers: a humancentered perspective on mixed-initiative co-creation[J]. 2018 IEEE Conference on Computational Intelligence and Games (CIG), 2018: 1-8.

[43] Hemment D, Aylett R, Belle V, et al. Experiential AI[J]. AI Matters, 2019, 5(1): 25-31.

[44] Ghahramani Z. Bayesian non-parametrics and the probabilistic approach to modelling[J]. Philosophical Transactions of the Royal Society A: Mathematical, Physical and Engineering Sciences, 2013, 371(1984): 20110553.

[45] Goodman N D, Tenenbaum J B. Modeling cognition with probabilistic programs: representations and algorithms[D]. Massachusetts: Massachusetts Institute of Technology, 2015.

[46] Marcus G F, Davis E. How robust are probabilistic models of higher level cognition?[J]. Psychological Science, 2013, 24(12): 2351-2360.

[47] Ghahramani Z. Probabilistic machine learning and artificial intelligence[J]. Nature, 2015, 521(7553): 452-459.

[48] Gal Y. Uncertainty in deep learning[D]. Cambridge: University of Cambridge, 2016.

[49] Gal Y, Ghahramani Z. Dropout as a Bayesian approximation: representing model uncertainty in deep learning[C]. International Conference on Machine Learning, 2016: 1050-1059.

[50] Malinin A. Predictive uncertainty estimation via prior networks[C]. The 32nd Conference on Neural Information Processing Systems (NeurIPS 2018), 2018: 1-12.

[51] Abbass H A, Petraki E, Merrick K, et al. Trusted autonomy and cognitive cyber symbiosis: open challenges[J]. Cognitive Computation, 2016, 8(3): 385-408.

[52] Mostafa S A, Ahmad M S, Mustapha A. Adjustable autonomy: a systematic literature review[J]. Artificial Intelligence Review, 2017, 80(4): 253-286.

[53] Lawless W F, Mittu R, Sofge D, et al. Autonomy and Artificial Intelligence: A Threat or Savior?[M]. Cambridge: Springer, 2017.

[54] Nahavandi S. Trusted autonomy between humans and robots: toward human-on-the-loop in robotics and autonomous systems[J]. IEEE Systems, Man, and Cybernetics Magazine, 2017, 3(1): 10-17.

[55] Abbink D A, Carlson T, Mulder M, et al. A topology of shared control systems—finding common ground in diversity[J]. IEEE Transactions on Human-Machine Systems, 2018, 48(5): 509-525.

[56] Owan P, Garbini J, Devasia S. Addressing agent disagreement in mixedinitiative traded control for confined-space manufacturing[C]. 2017 IEEE International Conference on Advanced Intelligent Mechatronics, 2017: 227-234.

[57] Phillips-Grafflin C, Suay H B, Mainprice J, et al. From autonomy to cooperative traded control of humanoid manipulation tasks with unreliable communication: applications to the valve-turning task of the DARPA robotics challenge and lessons learned[J]. Journal of Intelligent & Robotic Systems, 2016, 82(3-4): 341-361.

[58] Reddy S, Dragan A, Levine S. Shared autonomy via deep reinforcement learning[C]. Robotics: Science and Systems XIV, 2018.

[59] Schilling M, Kopp S, Wachsmuth S. Towards a multidimensional perspective on shared autonomy[C]. International Conference on Wireless Communications and Signal Processing, 2016: 338-344.

[60] Fu J, Topcu U. Synthesis of shared autonomy policies with temporal logic specifications[J]. IEEE Transactions on Automation Science and Engineering, 2016, 13(1): 7-17.

[61] Flemisch F, Abbink D A, Itoh M, et al. Joining the blunt and the pointy end of the spear: towards a common framework of joint action, human-machine cooperation, cooperative guidance and control, shared, traded and supervisory control[J]. Cognition, Technology & Work, 2019, 21(4): 555-568.

[62] Flemisch F, Abbink D, Itoh M, et al. Shared control is the sharp end of cooperation: towards a common framework of joint action, shared control and human machine cooperation[J]. IFAC-PapersOnLine, 2016, 49(19): 72-77.

[63] Itoh M, Flemisch F, Abbink D A. A hierarchical framework to analyze shared control conflicts between human and machine[J]. IFAC-PapersOnLine, 2016, 49(19): 96-101.

[64] Gopinath D, Jain S, Argall B D. Human-in-the-loop optimization of shared autonomy in assistive robotics[J]. IEEE Robotics and Automation Letters, 2016, 2(1): 247-254.

[65] Javdani S, Srinivasa S, Bagnell A. Shared autonomy via hindsight optimization[C]. Robotics: Science and Systems XI, 2015.

[66] Zhou S, Goel K. Shared autonomy for an interactive AI system[C]. The 31st Annual ACM Symposium, 2018: 20-22.

[67] Nikolaidis S, Zhu Y X, Hsu D, et al. Human-robot mutual adaptation in shared autonomy[C]. Proceedings of the 2017 ACM/IEEE International Conference on Human-Robot Interaction, 2017: 294-302.

[68] Koppula H S, Saxena A. Anticipating human activities using object affordances for reactive robotic response[J]. IEEE Transactions on Pattern Analysis and Machine Intelligence, 2016, 38(1): 14-29.

[69] Hauser K. Recognition, prediction, and planning for assisted teleoperation of freeform tasks[J]. Autonomous Robots, 2013, 35(4): 241-254.

[70] Broad A, Murphey T, Argall B. Learning models for shared control of human-machine systems with unknown dynamics[C]. Robotics: Science and Systems XIII, 2017.

[71] Sadigh D, Sastry S S, Seshia S A. Verifying robustness of human-aware autonomous cars[J]. IFAC-PapersOnLine, 2019, 51(34): 131-138.

[72] Oh Y, Toussaint M, Mainprice J. Learning arbitration for shared autonomy by hindsight data aggregation[C]. Workshop on AI and Its Alternatives in Assistive and Collaborative Robotics, 2019: 6.

[73] Fridman L. Human-centered autonomous vehicle systems: principles of effective shared autonomy[J]. ArXiv: 1810.01835, 2018.

[74] Losey D P, McDonald C G, Battaglia E, et al. A review of intent detection, arbitration, and communication aspects of shared control for physical human-robot interaction[J]. Applied Mechanics Reviews, 2018, 70(1): 010804.

[75] Alonso V, de la Puente P. System transparency in shared autonomy: a mini review[J]. Frontiers in Neurorobotics, 2018, 12: 1-11.

[76] Waytowich N R, Goecks V G, Lawhern V J. Cycle-of-learning for autonomous systems from human interaction[J]. ArXiv: 1808.09572, 2018.

[77] 国务院. 国务院关于印发新一代人工智能发展规划的通知 [Z/OL]. http://www.gov.cn/zhengce/content/2017-07/20/content 5211996.htm#[2020-7-1].

[78] Ding J. Deciphering china's AI dream[R]. Oxford: Future of Humanity Institute, 2018.

[79] Stone P. Artificial intelligence and life in 2030[R]. Stanford: Stanford University, 2016.

[80] Stoica I, Song D, Popa R A, et al. A berkeley view of systems challenges for AI[R]. Berkeley: University of California at Berkeley, 2017.

[81] Antsaklis P J. The quest for autonomy revisited[R]. Indiana: University of Notre Dame, 2011.

[82] Antsaklis P J. Control systems and the quest for autonomy[J]. IEEE Transactions on Automatic Control, 2017, 62(3): 1013-1016.

[83] Zilberstein S. Building strong semi-autonomous systems[C]. AAAI Conference on Artificial Intelligence, 2014: 1-5.

[84] Fong T. Autonomous systems: NASA capability overview[R/OL]. https://www.nasa.gov/sites/default/files/atoms/files/nac_tie_aug2018_tfong_tagged.pdf[2020-7-1].

[85] de Graaf B F M, Malle B F. How people explain action (and autonomous intelligent systems should too)[C]. 2017 AAAI Fall Symposium Series, 2017: 19-26.

[86] Kunze L, Hawes N, Duckett T, et al. Artificial intelligence for long-term robot autonomy: a survey[J]. IEEE Robotics and Automation Letters, 2018, 3(4): 4023-4030.

[87] Vamvoudakis K G, Antsaklis P J, Dixon W E, et al. Autonomy and machine intelligence in complex systems: a tutorial[C]. American Control Conference. IEEE, 2015: 5062-5079.

[88] Neal R M. Bayesian Learning for Neural Networks[M]. New York: Springer, 1996.

[89] Chen T, Fox E B, Guestrin C. Stochastic gradient hamiltonian monte carlo[C]. International Conference on Machine Learning. Proceedings of Machine Learning Research, 2014: 1683-1691.

[90] Mackay D J C. A practical Bayesian framework for backpropagation networks[J]. Neural Computation, 1992, 4(3): 448-472.

[91] Graves A. Practical variational inference for neural networks[J]. Neural Information Processing Systems, 2011, 24: 2348-2356.

[92] Minka T P. A family of algorithms for approximate Bayesian inference[D]. Massachusetts: Massachusetts Institute of Technology, 2001.

[93] Hernández-Lobato J M, Adams R P. Probabilistic backpropagation for scalable learning of Bayesian neural networks[C]. International Conference on Machine Learning. Proceedings of Machine Learning Research, 2015: 1861-1869.

[94] Blundell C, Cornebise J, Kavukcuoglu K, et al. Weight uncertainty in neural networks[C]. International Conference on Machine Learning. Proceedings of Machine Learning Research, 2015: 1613-1622.

[95] Srivastava N, Hinton G E, Krizhevsky A, et al. Dropout: a simple way to prevent neural networks from overfitting[J]. Journal of Machine Learning Research, 2014, 15(1): 1929-1958.

[96] Jaksch T, Ortner R, Auer P. Near-optimal regret bounds for reinforcement learning[J]. Journal of Machine Learning Research, 2010, 11: 1563-1600.

[97] Mnih V, Kavukcuoglu K, Silver D, et al. Human-level control through deep reinforcement learning[J]. Nature, 2015, 518(7540): 529-533.

[98] Osband I, Blundell C, Pritzel A, et al. Deep exploration via bootstrapped DQN[J]. ArXiv: 1602.04621 [cs, stat], 2016.

[99] Kahn G, Villaflor A, Pong V, et al. Uncertainty-aware reinforcement learning for collision avoidance[J]. ArXiv: 1702.01182 [cs], 2017.

[100] Lotjens B, Everett M, How J P. Safe reinforcement learning with model uncertainty estimates[C]. International Conference on Robotics and Automation, 2019: 8662-8668.

[101] Alahi A, Goel K, Ramanathan V, et al. Social LSTM: human trajectory prediction in crowded spaces[C]. Computer Vision and Pattern Recognition, 2016: 961-971.

[102] Broad A, Murphey T, Argall B. Highly parallelized data-driven MPC for minimal intervention shared control[J]. ArXiv: 1906.02318, 2019.

[103] Huang M, Gao W, Wang Y, et al. Data-driven shared steering control of semi-autonomous vehicles[J]. IEEE Transactions on Human-Machine Systems, 2019, 49(4): 350-361.

[104] Lam C P. Improving sequential decision making in human-in-the-loop systems[D]. Berkeley: University of California, 2017.

[105] Wang L, Ames A D, Egerstedt M. Safety barrier certificates for collisions-free multirobot systems[J]. IEEE Transactions on Robotics, 2017, 33(3): 661-674.

[106] Anderson S J, Karumanchi S B, Iagnemma K. Constraint-based planning and control for safe, shared control of ground vehicles[D]. Massachusetts: Massachusetts Institute of Technology, 2013.

[107] Fridman A, Ding L, Jenik B, et al. Arguing machines: human supervision of black box AI systems that make life-critical decisions[C]. 2019 IEEE/CVF Conference on Computer Vision and Pattern Recognition Workshops (CVPRW), 2017: 1335-1343.

[108] Lin Z, Harrison B, Keech A, et al. Explore, exploit or listen: combining human feedback and policy model to speed up deep reinforcement learning in 3D worlds[J]. ArXiv:1709.03969, 2017.

[109] Kartoun U, Stern H, Edan Y. A human-robot collaborative reinforcement learning algorithm[J]. Journal of Intelligent & Robotic Systems, 2010, 60(2): 217-239.

[110] Konda V R, Tsitsiklis J N. Actor-critic algorithms[C]. Advances in Neural Information Processing Systems, 2000: 1008-1014.

[111] Dragan A D, Srinivasa S S. A policy-blending formalism for shared control[J]. The International Journal of Robotics Research, 2013, 32(7): 790-805.

[112] Jain S, Argall B. Recursive Bayesian human intent recognition in shared control robotics[C]. 2018 IEEE/RSJ International Conference on Intelligent Robots and Systems (IROS), 2018: 3905-3912.

[113] Schultz C, Gaurav S, Monfort M, et al. Goal-predictive robotic teleoperation from noisy sensors[C]. 2017 IEEE International Conference on Robotics and Automation (ICRA), 2017: 5377-5383.

[114] Bray F, Ferlay J, Soerjomataram I, et al. Global cancer statistics 2018: GLOBOCAN estimates of incidence and mortality worldwide for 36 cancers in 185 countries[J]. CA: A Cancer Journal for Clinicians, 2018, 68(6): 394-424.

[115] Taniguchi H, Sato H, Shirakawa T. Implementation of human cognitive bias on neural network and its application to breast cancer diagnosis[J]. SICE Journal of Control, Measurement, and System Integration, 2019, 12(2): 56-64.

[116] Erö C, Gewaltig M O, Keller D, et al. A cell atlas for the mouse brain[J]. Frontiers in Neuroinformatics, 2018, 12: 84.

[117] Shinohara S, Taguchi R, Katsurada K, et al. A model of belief formation based on causality and application to n-armed bandit problem[J]. Transactions of the Japanese Society for Artificial Intelligence, 2007, 22(1): 58-68.

[118] Oyo K, Takahashi T. A cognitively inspired heuristic for two-armed bandit problems: the loosely symmetric (LS) model[J]. Procedia Computer Science, 2013, 24: 194-204.

[119] Niizato T, Gunji Y P. Applying weak equivalence of categories between partial map and pointed set against changing the condition of 2-arms bandit problem[J]. Complexity, 2011, 16(4): 10-21.

[120] Ochoa J D. A theory of intrinsic bias in biology and its application in machine learning and bioinformatics[J]. BioRxiv, 2019: 595785.

[121] Uragami D, Takahashi T, Matsuo Y. Cognitively inspired reinforcement learning architecture and its application to giant-swing motion control[J]. Biosystems, 2014, 116: 1-9.

[122] Uragami D, Takahashi T, Alsubeheen H, et al. The efficacy of symmetric cognitive biases in robotic motion learning[C]. 2011 IEEE International Conference on Mechatronics and Automation, 2011: 410-415.

[123] Oyo K, Noguchi N, Takahashi T. Causal cognition in game tree search[C]. AIP Conference Proceedings, 2015: 580003.

[124] Taniguchi H, Shirakawa T, Takahashi T. Implementation of human cognitive bias on naive Bayes[C]. Proceedings of the 9th EAI International Conference on Bio-inspired Information and Communications Technologies (formerly BIONETICS), 2016: 483-489.

[125] Taniguchi H, Sato H, Shirakawa T. A machine learning model with human cognitive biases capable of learning from small and biased datasets[J]. Scientific Reports, 2018, 8(1): 1-13.

[126] Taniguchi H, Oyo K, Kohno Y, et al. Causal cognition and spam classifier[C]. AIP Conference Proceedings, 2015, 1648: 580002.

[127] Taniguchi H, Sato H, Shirakawa T. Application of human cognitive mechanisms to naive Bayes text classifier[C]. AIP Conference Proceedings, 2017: 360016.

[128] Over D E, Evans J S B. The probability of conditionals: the psychological evidence[J]. Mind & Language, 2003, 18(4): 340-358.

[129] Over D E, Hadjichristidis C, Evans J S B, et al. The probability of causal conditionals[J]. Cognitive Psychology, 2007, 54(1): 62-97.

[130] 付荣荣. 基于机器学习的机动车驾驶人疲劳状态识别研究 [D]. 沈阳: 东北大学, 2015.

[131] Chen L L, Zhao Y, Zhang J, et al. Automatic detection of alertness/drowsiness from physiological signals using wavelet-based nonlinear features and machine learning[J]. Expert Systems with Applications, 2015, 42(21): 7344-7355.

[132] 林文倩. 生理信号驱动的情绪识别及交互应用研究 [D]. 杭州: 浙江大学, 2019.

[133] Schoenmakers S, Barth M, Heskes T, et al. Linear reconstruction of perceived images from human brain activity[J]. Neuroimage, 2013, 83: 951-961.

[134] Bartlett P L, Wegkamp M H. Classification with a reject option using a hinge loss[J]. Journal of Machine Learning Research, 2008, 9(8): 1823-1840.

[135] Xie C, Wang J, Zhang Z, et al. Adversarial examples for semantic segmentation and object detection[J]. ArXiv: 1703.08603 [cs], 2017.

[136] Eykholt K, Evtimov I, Fernandes E, et al. Robust physical-world attacks on deep learning models[J]. ArXiv: 1707.08945 [cs], 2018.

[137] Goodfellow I J, Shlens J, Szegedy C. Explaining and harnessing adversarial examples[J]. ArXiv: 1412.6572 [cs, stat], 2015.

[138] Su J, Vargas D V, Sakurai K. One pixel attack for fooling deep neural networks[J]. IEEE Transactions on Evolutionary Computation, 2019, 23(5): 828-841.

[139] Li K, Wang X, Ji L. Application of multi-scale feature fusion and deep learning in detection of steel strip surface defect[C]. 2019 International Conference on Artificial Intelligence and Advanced Manufacturing (AIAM), 2019: 656-661.

[140] He Z, Liu Q. Deep regression neural network for industrial surface defect detection[J]. IEEE Access, 2020, 8: 35583-35591.

[141] Yue Z, Yong H, Zhao Q, et al. Variational denoising network: toward blind noise modeling and removal[J]. ArXiv: 1908.11314 [cs], 2020.

[142] Tramèr F, Kurakin A, Papernot N, et al. Ensemble adversarial training: attacks and defenses[J]. ArXiv: 1705.07204 [cs, stat], 2020.

[143] Papernot N, McDaniel P, Goodfellow I, et al. Practical black-box attacks against machine learning[C]. Proceedings of the 2017 ACM on Asia Conference on Computer and Communications Security, 2017: 506-519.

[144] Papernot N, McDaniel P. Extending defensive distillation[J]. ArXiv: 1705.05264 [cs, stat], 2017.

[145] Carlini N, Wagner D. Towards evaluating the robustness of neural networks[C]. 2017 IEEE Symposium on Security and Privacy, 2017: 39-57.

[146] Ghiassi A, Younesian T, Zhao Z, et al. Robust (deep) learning framework against dirty labels and beyond[C]. 2019 First IEEE International Conference on Trust, Privacy and Security in Intelligent Systems and Applications (TPS-ISA), 2019: 236-244.

[147] Wang K, Zhang D, Li Y, et al. Cost-effective active learning for deep image classification[J]. IEEE Transactions on Circuits and Systems for Video Technology, 2017, 27(12): 2591-2600.

[148] Chen Z, Wang K, Wang X, et al. Deep co-space: sample mining across feature transformation for semi-supervised learning[J]. IEEE Transactions on Circuits and Systems for Video Technology, 2018, 28(10): 2667-2678.

[149] Eldan R, Shamir O. The power of depth for feedforward neural networks[J]. Computer Science, 2015: 907-940.

[150] Huang G, Liu Z, Maaten L V D, et al. Densely connected convolutional networks[J]. Computer Era, 2017: 4700-4708.

[151] Wang D, Khosla A, Gargeya R, et al. Deep learning for identifying metastatic breast cancer[J]. ArXiv: 1606.05718 [cs, q-bio], 2016.

[152] Xuan Q, Fang B, Liu Y, et al. Automatic pearl classification machine based on a multistream convolutional neural network[J]. IEEE Transactions on Industrial Electronics, 2018, 65(8): 6538-6547.

[153] Kaelbling L P, Littman M L, Cassandra A R. Planning and acting in partially observable stochastic domains[J]. Artificial Intelligence, 1998, 101(1-2): 99-134.

[154] Astrom K J. Optimal control of markov decision processes with incomplete state estimation[J]. Journal of Mathematical Analysis and Applications, 1965, 10: 174-205.

[155] Chen M, Nikolaidis S, Soh H, et al. Trust-aware decision making for human-robot collaboration: model learning and planning[J]. ACM Transactions on Human-Robot Interaction (THRI), 2020, 9(2): 1-23.

[156] Kurniawati H, Hsu D, Lee W S. SARSOP: efficient point-based POMDP planning by approximating optimally reachable belief spaces[C]. Robotics: Science and Systems, 2008.

[157] Silver D, Veness J. Monte-Carlo planning in large POMDPs[C]. Advances in Neural Information Processing Systems, 2010: 2164-2172.

[158] Somani A, Ye N, Hsu D, et al. DESPOT: online POMDP planning with regularization[C]. Advances in Neural Information Processing Systems, 2013: 1772-1780.

[159] Jean-Baptiste E M, Rotshtein P, Russell M. POMDP based action planning and human error detection[C]. IFIP International Conference on Artificial Intelligence Applications and Innovations, 2015: 250-265.

[160] Lam C P, Sastry S S. A POMDP framework for human-in-the-loop system[C]. The 53rd IEEE Conference on Decision and Control, 2014: 6031-6036.

[161] Kusurkar R A, Croiset G, Ten Cate O T J. Twelve tips to stimulate intrinsic motivation in students through autonomy-supportive classroom teaching derived from self-determination theory[J]. Medical Teacher, 2011, 33(12): 978-982.

[162] Ong S C, Png S W, Hsu D, et al. POMDPs for robotic tasks with mixed observability[J]. Robotics: Science and Systems, 2009, 5: 4.

[163] Wang N, Pynadath D V, Hill S G. The impact of pomdp-generated explanations on trust and performance in human-robot teams[C]. Proceedings of the 2016 International Conference on Autonomous Agents & Multiagent Systems, 2016: 997-1005.

[164] Marsella S C, Pynadath D V, Read S J. PsychSim: agent-based modeling of social interactions and influence[C]. Proceedings of the International Conference on Cognitive Modeling, 2004: 243-248.

[165] Sutton R S, Barto A G. Reinforcement Learning: An Introduction[M]. Massachusetts: Massachusetts Institute of Technology, 1998.

[166] Mnih V, Kavukcuoglu K, Silver D, et al. Playing atari with deep reinforcement learning[J]. ArXiv: 1312.5602 [cs], 2013.

[167] Van Hasselt H, Guez A, Silver D. Deep reinforcement learning with double q-learning[C]. Proceedings of the 30th AAAI Conference on Artificial Intelligence, 2016: 2094-2100.

[168] Schaul T, Quan J, Antonoglou I, et al. Prioritized experience replay[J]. ArXiv: 1511.05952, 2015.

[169] Wang Z, Schaul T, Hessel M, et al. Dueling network architectures for deep reinforcement learning[C]. Proceedings of the 33rd International Conference on International Conference on Machine Learning, 2016: 1995-2003.

[170] Ziebart B D, Maas A, Bagnell J A, et al. Maximum entropy inverse reinforcement learning[C]. Proceedings of the 23rd National Conference on Artificial Intelligence, 2008: 1433-1438.

[171] Deisenroth M, Rasmussen C E. PILCO: a model-based and data-efficient approach to policy search[C]. Proceedings of the 28th International Conference on Machine Learning, 2011: 465-472.

[172] Gal Y, McAllister R, Rasmussen C E. Improving PILCO with Bayesian neural network dynamics models[C]. Data-efficient Machine Learning Workshop, International Conference on Machine Learning, 2016: 25.

[173] Haarnoja T, Zhou A, Abbeel P, et al. Soft actor-critic: off-policy maximum entropy deep reinforcement learning with a stochastic actor[C]. The 35th International Conference on Machine Learning, 2018: 1856-1865.

[174] Haarnoja T, Ha S, Zhou A, et al. Learning to walk via deep reinforcement learning[C]. Robotics: Science and Systems XV, 2019.

[175] Tjomsland J, Shafti A, Faisal A A. Human-robot collaboration via deep reinforcement learning of real-world interactions[J]. ArXiv: 1912.01715 [cs], 2019.

[176] Bertsekas D P, Homer M L. Missile defense and interceptor allocation by neuro-dynamic programming[J]. IEEE Transactions on Systems Man & Cybernetics Part A: Systems & Humans, 2000, 30(1): 42-51.

[177] Jiang Y, Jiang Z P. Robust adaptive dynamic programming for largescale systems with an application to multimachine power systems[J]. IEEE Transactions on Circuits & Systems II. Express Briefs, 2012, 59(10): 693-697.

[178] Li Y, Tee K P, Yan R, et al. Reinforcement learning for human-robot shared control[J]. Assembly Automation, 2019, 40(1): 105-117.

[179] Tsuji T, Morasso P, Goto K, et al. Human hand impedance characteristics during maintained posture[J]. Biological Cybernetics, 1995, 72(6): 475-485.

[180] Goldberg D E. Computer-aided gas pipeline operation using genetic algorithms and rule learning[J]. Engineering with Computers, 1987, 3: 35-45.

[181] Selfridge O G, Sutton R S, Barto A G. Training and tracking in robotics[C]. International Joint Conference on Artificial Intelligence, 1985: 670-672.

[182] Marslen-Wilson W D. Functional parallelism in spokenword-recognition[J]. Cognition, 1987, 25(1-2): 71-102.

[183] Grefenstette J J, Ramsey C L, Schultz A C. Learning sequential decision rules using simulation models and competition[J]. Machine Learning, 1990, 5(4): 355-381.

[184] Read P, Lermit J. Bio-energy with carbon storage (BECS): a sequential decision approach to the threat of abrupt climate change[J]. Energy, 2005, 30(14): 2654-2671.

[185] Kober J, Bagnell J A, Peters J. Reinforcement learning in robotics: a survey[J]. The International Journal of Robotics Research, 2013, 32(11): 1238-1274.

[186] Chen J, Wang C, Xiao L, et al. Q-LDA: uncovering latent patterns in text-based sequential decision processes[C]. Advances in Neural Information Processing Systems, 2017: 4977-4986.

[187] Liu A, Pentland A.Towards real-time recognition of driver intentions[C]. Proceedings of Conference on Intelligent Transportation Systems, 1997: 236-241.

[188] Pentland A, Liu A. Modeling and prediction of human behavior[J]. Neural Computation, 1999, 11(1): 229-242.

[189] Croft D. Estimating intent for human-robot interaction[C]. IEEE International Conference on Advanced Robotics, 2003: 810-815.

[190] Erden M S, Tomiyama T. Human-intent detection and physically interactive control of a robot without force sensors[J]. IEEE Transactions on Robotics, 2010, 26(2): 370-382.

[191] Wasson G, Sheth P, Alwan M, et al. User intent in a shared control framework for pedestrian mobility aids[C]. 2003 IEEE/RSJ International Conference on Intelligent Robots and Systems (IROS 2003), 2003: 2962-2967.

[192] Thompson S, Horiuchi T, Kagami S. A probabilistic model of human motion and navigation intent for mobile robot path planning[C]. The 4th International Conference on Autonomous Robots and Agents, 2009: 663-668.

[193] Verma R, Del Vecchio D. Safety control of hidden mode hybrid systems[J]. IEEE Transactions on Automatic Control, 2011, 57(1): 62-77.

[194] Verma R, Del Vecchio D. Control of hybrid automata with hidden modes: translation to a perfect state information problem[C]. The 49th IEEE Conference on Decision and Control (CDC), 2010: 5768-5774.

[195] Yong S Z, Frazzoli E. Hidden mode tracking control for a class of hybrid systems[C]. American Control Conference, 2013: 5735-5741.

索　引

插 图 目 录

表 格 目 录

算 法 目 录

定 义 列 表

例 子 列 表